流体力学入門

石綿 良三 著

森北出版株式会社

● 本書のサポート情報を当社 Web サイトに掲載する場合があります．
下記の URL にアクセスし，サポートの案内をご覧ください．

      http://www.morikita.co.jp/support/

● 本書の内容に関するご質問は，森北出版 出版部「(書名を明記)」係宛
に書面にて，もしくは下記の e-mail アドレスまでお願いします．なお，
電話でのご質問には応じかねますので，あらかじめご了承ください．

      editor@morikita.co.jp

● 本書により得られた情報の使用から生じるいかなる損害についても，
当社および本書の著者は責任を負わないものとします．

■ 本書に記載している製品名，商標および登録商標は，各権利者に帰属
します．

■ 本書を無断で複写複製（電子化を含む）することは，著作権法上での
例外を除き，禁じられています．複写される場合は，そのつど事前に
(社)出版者著作権管理機構（電話 03-3513-6969，FAX 03-3513-6979，
e-mail：info@jcopy.or.jp）の許諾を得てください．また本書を代行業者
等の第三者に依頼してスキャンやデジタル化することは，たとえ個人や
家庭内での利用であっても一切認められておりません．

はじめに

　流体の運動である「流れ」を力学的に取り扱う学問が流体力学である．われわれは空気という気体の中で生活し，水という液体と密接に関わり合っている．それらは地球環境を支配し，生物を創り出し，文明の発展に寄与してきた．工学的に見ても，流体は非常に多くの問題に関係している．

　たとえば，水力発電では水車，火力・原子力発電では蒸気タービンなどの流体機械が使われている．生活に欠かせない上下水道，ガスの輸送はまさに流体の問題である．交通機械では，ロケット，航空機，船舶はもちろんのこと，鉄道や自動車でも高速になればなるほど流力特性が重要になってくる．本書では，このような流体力学の基礎を工学的な立場から解説している．

　ところで，流体は捕らえ所がないのでわかりにくいとの言葉を耳にすることがある．一般の流体力学の教科書を開くと，動かない図や一見難しそうな式が目に入ってくる．「流れ」という現象は流体粒子の運動であるので，それを理解するためには動的に表現されたものを見ることが重要であり，有力な手段の一つと思われる．そこで，1993年に出版した「パソコンで学ぶ流体力学」ではその理解を助けるためフロッピーディスクを添付し，アニメーション・プログラムにより「流れ」を理解しやすくした．

　本書ではその後のインターネットの普及を考慮し，アニメーション・プログラムをインターネットでサポートすることにした．プログラムは逐時改訂を行っていく予定である．さらに，以下の点に注意を払った．

(1) 読者として大学学部生，短大生，高専生および社会人の初学者を対象とする入門書とした．

(2) パーソナル・コンピュータの普及にともない，大学，職場や自宅で利用する機会が増えると考え，講義だけではなく実験・実習および自習にも使えるようにした．

(3) 10章で数値流体力学の基礎を取り入れ，プログラムの開発にも参考とな

るようにした．

ただし，ホームページのアニメーションは理解を助けると思われるが，実際の流れを観察することはさらに重要であることを付記しておく．

さて，今回本書の執筆にあたって，流体力学関係の専門書をいくつか読み返してみた．非常に多くの流体の専門書があり，名著も多い．浅学の著者にとっては，本書の大部分がこれらの再編集にとどまり，多くの先輩諸賢に敬意を表するばかりである．

とりわけ，東京大学名誉教授大橋秀雄先生，横浜国立大学名誉教授豊倉富太郎先生ならびに同教授黒川淳一先生には学生時代から今日に至るまで御指導を賜り，ここに深く感謝の意を表します．

また，お世話いただきました森北出版株式会社の星野定男氏，橋本賢治氏および森崎満氏に併せてお礼申し上げます．

2000年1月

石綿　良三

プログラムのダウンロードの方法

インターネットで森北出版のホームページに接続し，ダウンロードページにいき，「その他」→「流体力学入門」を選択し，ダウンロードをして下さい．

URL　http://www.morikita.co.jp/soft/6716

2004年8月現在，7章までに対応したプログラムを掲載しています．8章以降につきましては現在製作中で，順次掲載の予定です．

目　次

1. 流体の性質 …………………………………… 1

1.1 流体とは　2
1.2 各物性値の定義　2
   1.2.1 密度と比重量　2
   1.2.2 粘度と動粘度　3
   1.2.3 体積弾性係数と圧縮率　4
1.3 流体の分類　5
   1.3.1 粘性流体と非粘性流体　5
   1.3.2 ニュートン流体と非ニュートン流体　6
   1.3.3 圧縮性流体と非圧縮性流体　7
   1.3.4 理想流体　8
1.4 単位と次元　8
演習問題 1　12

2. 流れの基礎 …………………………………… 15

2.1 流れを表す量　16
   2.1.1 速度と流量　16
   2.1.2 圧力とせん断応力　16
   2.1.3 流線，流脈，流跡　17
2.2 流体の変形と回転　17
   2.2.1 伸び変形　18
   2.2.2 せん断変形　19

2.2.3　回転　21
2.3　さまざまな流れ　23
　　2.3.1　定常流と非定常流　23
　　2.3.2　一様流と非一様流　24
　　2.3.3　旋回流　25
　　2.3.4　層流と乱流　27
　　2.3.5　混相流　28
演習問題 2　29

3. 静止流体の力学 ……………………………31

3.1　静止流体の圧力　32
　　3.1.1　重力場における流体の圧力　32
　　3.1.2　液柱圧力計　33
3.2　絶対圧力とゲージ圧力　35
3.3　圧力によって壁面に働く力　36
　　3.3.1　液体中の壁面に働く力　36
　　3.3.2　鉛直な平面に働く力　38
　　3.3.3　傾斜している平面に働く力　40
3.4　浮力　41
3.5　加速度運動時の流体の圧力　43
　　3.5.1　等加速度運動における圧力分布　43
　　3.5.2　強制うずにおける圧力分布　46
演習問題 3　47

4. 一次元流れ ……………………………………49

4.1　連続の式　50
4.2　ベルヌーイの定理　51
　　4.2.1　ベルヌーイの定理　51
　　4.2.2　ベルヌーイの定理の応用　52

4.3　エネルギー損失を伴う流れ　55
　演習問題　4　56

5. 流体運動の記述 …………………………………… 59

　5.1　速度・加速度　60
　　5.1.1　流体の速度　60
　　5.1.2　流体の加速度　60
　5.2　連続の式　62
　5.3　流体に働く力　65
　　5.3.1　質量力　65
　　5.3.2　面積力　66
　　5.3.3　粘性法則　67
　5.4　運動方程式　68
　　5.4.1　非圧縮性粘性流体の運動方程式　68
　　5.4.2　理想流体の運動方程式　71
　演習問題　5　72

6. 理想流体の流れ …………………………………… 73

　6.1　理想流体の基礎式　74
　6.2　ポテンシャル流れ　74
　　6.2.1　ポテンシャル流れの基礎式　75
　　6.2.2　速度ポテンシャル　75
　　6.2.3　流れ関数　76
　　6.2.4　複素ポテンシャル　78
　6.3　二次元ポテンシャル流れの例　80
　演習問題　6　88

7. 管内の流れ ……………………………………… 89

7.1 管摩擦損失　90
7.2 円管内の層流・乱流　91
   7.2.1 円管内の層流　92
   7.2.2 なめらかな円管内の乱流　93
   7.2.3 あらい円管内の乱流　97
7.3 円管以外の管摩擦損失　99
7.4 拡大・縮小管内の流れ　100
7.5 助走区間における流れ　104
7.6 曲がり管内の流れ　105
7.7 矩形断面管内の流れ　106
演習問題 7　107

8. 物体まわりの流れ ……………………………… 109

8.1 境界層　110
   8.1.1 境界層の性質　110
   8.1.2 境界層厚さ　111
   8.1.3 平板に沿う境界層　113
   8.1.4 境界層のはく離　117
8.2 流れの中の物体に働く力　118
   8.2.1 抗力と揚力　118
   8.2.2 円柱まわりの流れ　120
   8.2.3 流体中の物体の運動　123
8.3 カルマンうず列　125
演習問題 8　126

9. 運動量の法則 …………………………………… 129

9.1 運動量の法則　130

9.2 運動量の法則の応用　131
9.3 角運動量の法則　137
9.4 角運動量の法則の応用　138
演習問題 9　140

10. 数値流体力学の基礎　…………………………143

10.1 ポテンシャル流れの基礎式　144
10.2 差分法　145
   10.2.1 解析方法　145
   10.2.2 プログラム例　148
10.3 有限要素法　151
   10.3.1 解析方法　152
   10.3.2 プログラム例　156
演習問題 10　160

演習問題解答　161
参考文献　167
索　引　168

1. 流体の性質

　流体とは何か．流体とは，どのような性質をもっているのだろう……．

　われわれの身のまわりには，空気や水を代表としてさまざまな流体がある．したがって，われわれの生活やそれを取り巻く環境と流体との関わりは密接であり，流体は工学的にも幅広く利用されている．
　本章では，流体の特性を表す物性値の定義，流体の分類，および単位系について学習する．

1.1 流体とは

　流体とは自由に変形できる物質であり，気体と液体がそれにあたる．流体が運動している状態を「流れ」といい，流体の力学的つりあいや運動を取り扱う学問が流体力学である．

　流体はいろいろな性質をもつが，流体を特徴づけるものとして「粘性」という性質がある．これは，いわゆる「ねばり」であり，空気抵抗や水の抵抗を発生させる原因となる．空気あるいは気体には「ねばり」がないように感じられるが，水やその他の液体と同様に粘性をもっている．

　気体と液体は異なるものであるが，連続体としてとらえれば共通の取り扱いが可能であり，特殊な場合を除いて力学的には区別する必要はない．

1.2 各物性値の定義

　気体と液体をまとめて連続体として扱うとき，それぞれの流体の特性を表す値が物性値である．ここでは，流体力学で特に重要な物性値についてその定義を述べる．

1.2.1 密度と比重量

　その物質の単位体積あたりの質量を**密度** (density) ρ という．体積 V の質量が M であるとき，その物質の密度 ρ は

$$\rho = M/V = （質量）/（体積） \tag{1.1}$$

となり，単位は $[\mathrm{kg/m^3}]$ を用いる．密度は状態量であり，物質，温度および圧力によって定まる値である．密度の逆数は**比体積** (specific volume) v といい，次のように表される．

$$v = 1/\rho \tag{1.2}$$

　単位体積あたりの重量を**比重量** (specific weight) γ という．体積 V の重量

（重さ）が $G(=Mg)$ であるとき

$$\gamma = G/V = （重量）/（体積）$$
$$= \rho g \qquad (1.3)$$

となる．通常，比重量は工学単位系（1.4参照）で使われ，単位は［kgf/m³］を用いる．

1.2.2　粘度と動粘度

　流体の「ねばり」を表す物性値が粘度である．いい換えれば，流体を変形させるときの抵抗の大きさを代表する物性値ともいえる．

　いま，間隔Hだけへだたった平行な2枚の平板間に流体があり，図1.1のように一方の平板だけを速度Uで動かすものとする．速度が小さい場合には直線的な速度分布となり，**クエット流れ**（Couette flow）とよばれている．このとき流体は図1.2のように連続してせん断変形を受ける．面積Aの平板を動かす

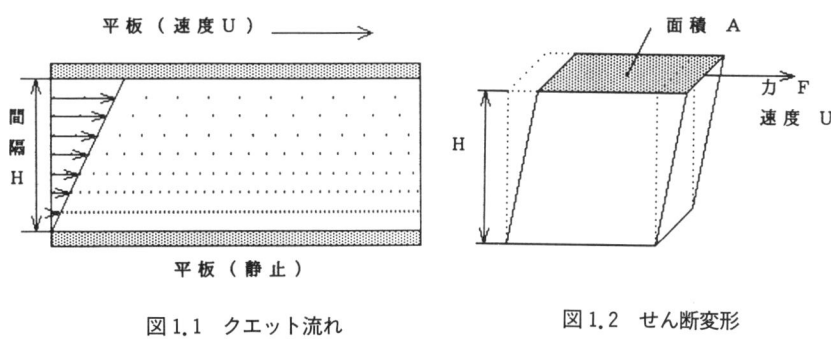

図1.1　クエット流れ　　　　図1.2　せん断変形

のに必要な力をFとすれば，せん断応力（単位面積あたりのせん断力$=F/A$）τは，多くの流体においてU/Hに比例することが実験的にわかっている．したがって

$$\tau = \mu \frac{U}{H} \qquad (1.4)$$

ここで，比例定数μを**粘度**（viscosity）または**粘性係数**（coefficient of viscosity）といい，単位は［Pa·s］を用いる．

4　1. 流体の性質

速度分布が直線的でない場合(図1.3)には，せん断応力 τ は速度こう配 du/dy に比例し，次式で表される．

$$\tau = \mu \frac{du}{dy} \tag{1.5}$$

式 (1.5) を**ニュートンの粘性法則**という．

粘度 μ を密度 ρ で割った値を**動粘度** (kinematic viscosity) ν といい，単位は $[m^2/s]$ を用いる．

$$\nu = \mu/\rho \tag{1.6}$$

流れに対する粘性の影響を考える場合，粘度 μ よりも動粘度 ν の方が重要である．

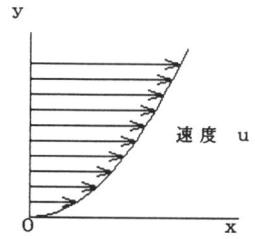

図1.3　直線的でない速度分布

1.2.3　体積弾性係数と圧縮率

気体を加圧すると体積変化を起こす．液体の場合にも，わずかではあるが体積変化を起こす．このような流体の性質を**圧縮性** (compressibility) とよんでいる．

いま，図1.4(a)のように体積 V の流体が圧力 p であったとする．この流体を圧力 $p+\Delta p$ まで加圧したところ，図1.4(b)のように体積 $V-\Delta V$ まで縮小したものとする．ただし，Δp は微小量とする．このとき，圧力変化量 Δp と体積ひずみ $\Delta V/V$ の関係は次式によって表される．

$$\Delta p = K \frac{\Delta V}{V} \tag{1.7}$$

ここで，K を**体積弾性係数** (bulk modulus of elasticity) といい，単位は $[Pa]$ を用いる．体積弾性係数 K の逆数は**圧縮率** (modulus of compressibility) β と

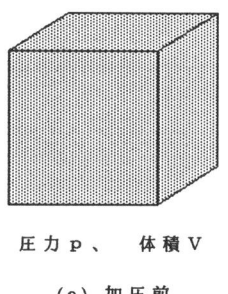 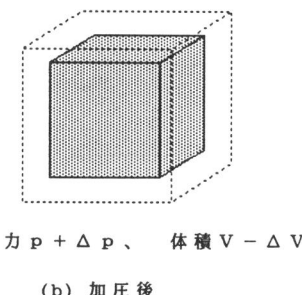

(a) 加圧前　　　　　　　　　(b) 加圧後

圧力 p、 体積 V　　　　　　圧力 p+△p、 体積 V−△V

図 1.4　流体の圧縮性

よばれている．
$$\beta = 1/K \tag{1.8}$$

1.3　流体の分類

　流体のもつ性質から流体を分類してみる．流体の物性の中で，粘性と圧縮性は重要な項目であるから，これらをキーポイントとして考えていくことにする．

1.3.1　粘性流体と非粘性流体

　まず，流体の粘性に着目して流体を分類する．粘性を持つ流体(粘度 $\mu \neq 0$)を**粘性流体**(viscous fluid)，粘性のない流体(粘度 $\mu = 0$)を**非粘性流体**(inviscid fluid) という．

　実在する流体は粘性を持っており*，厳密にいえば粘性流体であることになる．しかし，実用上は粘性の影響の大小により，

　　　粘性流体　　…　粘性を考慮する必要がある流体
　　　非粘性流体　…　粘性を無視できる流体

と分類する．たとえば，物体や壁から十分離れた所では粘性の影響は小さく，非粘性流体として近似することができる．したがって，同じ流体でも壁付近で

---

*　ただし例外として，液体ヘリウムは極低温(2.17 K 以下)で超流動という粘性のない状態になる．

は粘性流体，壁から離れた所では非粘性流体として扱う場合がある．

流体の粘性を表す物性値は粘度あるいは動粘度であるが，流れに対する粘性の影響力を支配するのは**レイノルズ数**（Reynolds number）Reという無次元量である．流体の動粘度をν，流れの代表速度をU，流れ場の代表長さをLとすれば，レイノルズ数Reは次式で定義される．

$$Re = UL/\nu \tag{1.9}$$

レイノルズ数Reが大きいほど粘性の影響は小さく，Reが無限大のときに非粘性流体と考えられる．

幾何学的に相似な二つの流れでレイノルズ数が等しい場合，粘性力の影響が等しくなり，二つの流れが相似になる．これを**レイノルズの相似則**（Reynolds' law of similarity）という．

1.3.2　ニュートン流体と非ニュートン流体

粘性流体を細分化すると

> **ニュートン流体**（Newtonian fluid）　…　ニュートンの粘性法則（式(1.5)）が成り立つ流体．つまり，せん断応力τが速度こう配du/dyに比例する流体．空気，水，油など．
>
> **非ニュートン流体**（non-Newtonian fluid）　…　ニュートンの粘性法則が成り立たない流体．せん断応力と速度こう配が比例しない流体．

に分けられる．図1.5の流動曲線において原点を通る直線で表されるものがニ

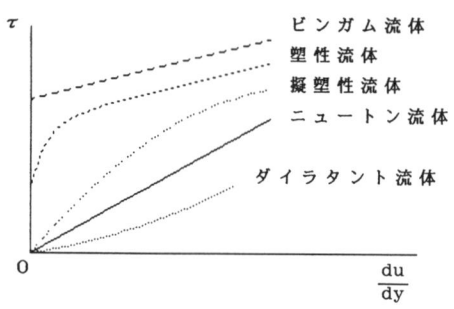

図1.5　流動曲線

ュートン流体，それ以外が非ニュートン流体である．**ビンガム流体，塑性流体**は粘土，アスファルト，ペイントなど，**擬塑性流体**は高分子溶液，高分子融液など，**ダイラタント流体**は砂と水の混合物などが例としてあげられる．

本書では，ニュートン流体を対象とする．

1.3.3 圧縮性流体と非圧縮性流体

圧縮性に着目して流体を分類すると

  圧縮性流体（compressible fluid）…圧縮性を考慮する必要がある流体
  非圧縮性流体（incompressible fluid）…圧縮性を無視できる流体

に分けられる．

流体の圧縮性を表す物性値は体積弾性係数または圧縮率であるが，流れに対する圧縮性の影響を支配するのは**マッハ数**（Mach number）Mである．マッハ数Mは流れの代表速度Uと音速aの比であり，

$$M = U/a \tag{1.10}$$

で定義される．ただし，**音速**（acoustic velocity, sonic speed）aはその流体の体積弾性係数Kと密度ρから次式で求められる．

$$a = \sqrt{K/\rho} \tag{1.11}$$

圧縮性の影響の大小はマッハ数Mで知ることができる．速度が音速以上（$M>1$）のとき圧縮性の影響が顕著であり，マッハ数が小さいほどその影響は小さい．したがって，圧縮性流体か非圧縮性流体かは，流体の種類だけで決まるものではない．通常，$M<0.3$のとき，圧縮性の影響は小さく，非圧縮性流体として扱うことができる．たとえば，空気流では約 100 m/s 以下のとき，非圧縮性流体とみなすことができる．

マッハ数の大小から次のように流れを分類することもある．それぞれは圧縮性の影響の程度が異なる．

  $M<1$のとき，亜音速流れ（subsonic flow）
  $M\fallingdotseq 1$のとき，遷音速流れ（transonic flow）
  $M>1$のとき，超音速流れ（supersonic flow）
  $M>5$のとき，極超音速流れ（hypersonic flow）

1.3.4 理想流体

粘性および圧縮性のない流体を**理想流体** (ideal fluid) という．理想流体では粘性がないためエネルギー損失や抵抗力が存在せず，実在する流体と矛盾する点もある．

壁付近の流れを理想流体と実在する流体とで比較すると図1.6のようになる．

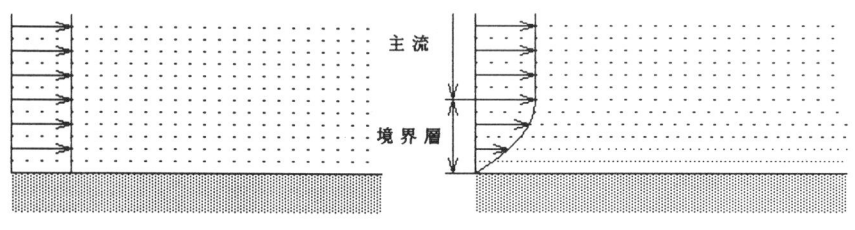

図1.6 壁付近の流れ

理想流体ではせん断応力を受けず，壁面上でも流体は流れている（図1.6(a)）．一方，実在する流体では粘性の影響により壁面上で速度が0になり，壁面付近に速度の遅い境界層ができる（図1.6(b)）．しかし，境界層の外側の主流領域では粘性の影響が小さく，理想流体として近似できる．境界層は通常薄い層であるので流れ場の大部分は理想流体とみなすことができ，解析が非常に容易になる．

1.4 単位と次元

(1) SI

物理量を表すには単位が必要であり，本書ではSI (Le Système International d'Unités) を用いている．SIは国際単位系ともよばれ，表1.1に示されている7個の基本単位から成り立っている．これらの中で，流体力学と特に関係の深いものは，

長さ m, 質量 kg, 時間 s

の三つである．

　これらの基本単位を組み合わせた組立単位によって他の物理量を表すことができる．表1.2は基本単位で表される組立単位の例，表1.3は組立単位に固有の名称をつけている例，表1.4は固有の名称を用いて表される組立単位の例である．

表1.1　SIの基本単位

量	名　称	記号
長さ	メートル	m
質量	キログラム	kg
時間	秒	s
電流	アンペア	A
熱力学温度	ケルビン	K
物質量	モル	mol
光度	カンデラ	cd

表1.2　基本単位で表されるSI組立単位の例

量	名　称	記号
面積	平方メートル	m^2
体積	立方メートル	m^3
速度	メートル毎秒	m/s
加速度	メートル毎秒毎秒	m/s^2
密度	キログラム毎立方メートル	kg/m^3
動粘度	平方メートル毎秒	m^2/s
流量	立方メートル毎秒	m^3/s

表1.3　固有の名称をもつSI組立単位の例

量	名　称	記号	定　義
力	ニュートン	N	$m \cdot kg \cdot s^{-2}$
圧力, 応力	パスカル	Pa	N/m^2
エネルギー	ジュール	J	$N \cdot m$
仕事率	ワット	W	J/s
周波数	ヘルツ	Hz	1/s

表1.4 固有の名称を用いて表されるSI組立単位の例

量	名　称	記号
粘　度	パスカル秒	Pa·s
力のモーメント	ニュートンメートル	N·m

(2) 工学単位系

工学単位系は重力単位系ともよばれ，質量の代わりに力を基本単位のひとつとして用いる．

　　　　長さ m,　　力 kgf,　　時間 s

1 kgf は質量 1 kg の物体に働く重力の大きさ（重さ）であり，

　　　　1 kgf = 9.80665 N

という関係にある．代表的な物理量について SI と工学単位系の対照表を表1.5に示す．

表1.5 SIと工学単位系の対照表

量	SI	工学単位系
長　さ	m	m
質　量	kg	kgf·s^2/m
時　間	s	s
速　度	m/s	m/s
加速度	m/s^2	m/s^2
力	N	kgf
圧力, 応力	Pa	kgf/m^2
エネルギー	J	kgf·m
仕事率	W	kgf·m/s

従来は産業界を中心として工学単位系が広く用いられていたが，重力加速度は場所によって異なり，絶対性に欠けることから現在はSIへ統一されつつある．そこで，本書では原則としてSIを用いている．

（3）次元

ここで，SIの基本単位である長さ，質量，時間の基本量をそれぞれ $[L]$, $[M]$, $[T]$ と表すことにする．これらはそれぞれ長さ，質量，時間の**次元**（dimension）とよばれている．これらの次元を用いると，たとえば速度の次元は $[LT^{-1}]$，力の次元は $[LMT^{-2}]$ となる．

一般に，物理現象を表す式のほとんどは単位系にかかわらず成立し，このように単位系に関係なく成立する方程式を**完全方程式**（complete equation）という．いま，n 個の物理量 A_1, A_2, $\cdots$, A_n の関係を表す完全方程式

$$f(A_1, A_2, \cdots, A_n) = 0 \tag{1.12}$$

が m 個の基本単位から構成されているものとする．**バッキンガムの π 定理**（Buckingham's π theorem）によれば，式（1.12）は $n-m$ 個の無次元数 π_1, π_2, $\cdots$, π_{n-m} の関係式に変形できる．

$$F(\pi_1, \pi_2, \cdots, \pi_{n-m}) = 0 \tag{1.13}$$

ここで，無次元数 π_1, π_2, $\cdots$, π_{n-m} はそれぞれ $m+1$ 個以下の物理量のべき乗積として表され，パイナンバーとよばれる．

式（1.12）よりも式（1.13）のような無次元量の関係式の方が，より一般性がある表現となり，非常によく用いられている．ただし，同じ現象でもパイナンバーの選び方は一通りとは限らないので，どの組み合わせが最もよいかは実験などによる確認が必要である．

例題 1.1　球に働く流体の抵抗

密度 ρ，動粘度 ν の流体の中を，直径 d の球が速度 U で運動している．流体から球に働く抵抗力を F_D とする．このとき，現象にかかわる5個の物理量 ρ，ν，d，U，F_D からパイナンバーを求めよ．

解． ここででてくる基本単位の次元は $[L]$, $[M]$, $[T]$ の3個である．各

物理量の次元の指数を行列 (matrix) にまとめると，次のようになる．

	ρ	ν	d	U	F_D
L	-3	2	1	1	1
M	1	0	0	0	1
T	0	-1	0	-1	-2

この場合，2個のパイナンバーが導かれ，たとえば，$\pi_1 = \rho^{x_1} d^{x_2} U^{x_3} F_D$，$\pi_2 = \rho^{y_1} \nu^{y_2} d^{y_3} U$ とおいて，各次元の指数の関係式をたてる．

$$-3x_1 + x_2 + x_3 + 1 = 0 \qquad -3y_1 + 2y_2 + y_3 + 1 = 0$$
$$x_1 + 1 = 0 \qquad\qquad\qquad y_1 = 0$$
$$-x_3 - 2 = 0 \qquad\qquad\qquad -y_2 - 1 = 0$$

これらの式を満足する x_i, y_i を求める．一例を示すと，$\pi_1 = F_D \cdot \rho^{-1} \cdot d^{-2} \cdot U^{-2}$，$\pi_2 = U \cdot d \cdot \nu^{-1}$ となる．なお通常は，抗力係数を $C_D = F_D/(\rho U^2 S/2)$，レイノルズ数を $Re = Ud/\nu$ と定義する（ただし，$S = \pi d^2/4$）．これらの無次元量の間には，$C_D = f(Re)$，つまり C_D が Re の関数として表されることが実験的に確認されている．したがって，ある一種類の流体で，ある直径の球を使って流速を変えて実験した結果を他の流体，他の球についても適用できることになる．

演習問題　1

（1）ある機械油の体積 $1l$ あたりの質量が，0.900 kg であるという．この機械油の密度を求めよ．

（2）前問の機械油を，間隔 10.0 mm の2枚の平行な平板間に満たし，一方の平板を速度 0.500 m/s で平行に移動させたところ流れはクエット流れとなった．このとき，平板 1 m² あたりに必要な力が 5.00 N であった．この機械油の粘度と動粘度を求めよ．

（3）ある平板に沿って水が流れている．平板付近の水の流速 u [m/s] が平板から垂直に測った距離 y [m] を使って，$u = 3y - y^3$ で表されるとき，平板表面におけるせん断応力を求めよ．ただし，水は 20℃，1気圧とし，粘度は $\mu = 1.00 \times$

10^{-3} Pa·s とする．

(4) 20℃ の水の体積を 0.1 % 減少させるためには，圧力をどのくらい増加させればよいか．ただし，水の体積弾性係数を 2.06 GPa とする（1 GPa＝10^9Pa）．

(5) 振り子運動の周期を t とする．空気抵抗が無視できるとき，この現象を支配するのは，振り子の糸の長さ l と重力加速度 g である．次元解析からパイナンバーを求め，さらに周期 t は $\sqrt{l/g}$ に比例することを導け．

2. 流れの基礎

流体力学で対象とする「流れ」とはどのようなものだろう．

本章では，流体の運動，つまり「流れ」を力学的に扱うための準備を行う．まず，流れを記述する物理量の定義から流れの表し方を学ぶ．次に，流れにはどのような種類があるのかをさまざまな例を通じて学ぶ．

16　2. 流れの基礎

2.1　流れを表す量

まず，流れを記述する物理量の定義について説明する．

2.1.1　速度と流量

　流体の**速度** (velocity) は，単位時間あたりの移動距離である．この場合，方向も考えるのでベクトルとなる．速さ，あるいは流速は大きさだけを考え，スカラとなる．速度，速さとも単位は [m/s] を用いる．

　流量 (flow rate) は，ある断面を単位時間あたりに通過する流体の体積であり，単位は [m^3/s] を用いる．

2.1.2　圧力とせん断応力

　圧力 (pressure) は，単位面積あたりに作用する垂直圧縮力である．図2.1に示す要素において，微小面積 $\varDelta A$ に圧縮力 $\varDelta P$ が作用しているとき，圧力 p は

$$p = \varDelta P / \varDelta A \tag{2.1}$$

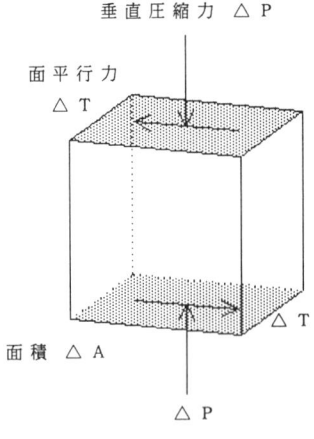

図2.1　圧力とせん断応力

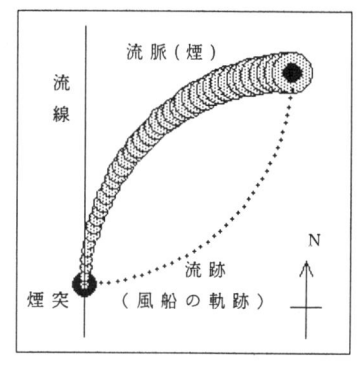

図2.2　流線・流脈・流跡

となる．単位は［Pa］を用いる．
　せん断応力（shearing stress）は，単位面積あたりに作用する面平行力である．図2.1の微小面積 $\varDelta A$ に面と平行な方向の力 $\varDelta T$ が作用しているとき，せん断応力 τ は

$$\tau = \varDelta T / \varDelta A \tag{2.2}$$

となる．単位は圧力と同じく［Pa］を用いる．

2.1.3　流線，流脈，流跡

　流体の流れを表す線に流線，流脈，流跡がある．流れの可視化（さまざまな手法で流れを目で見えるようにすること）によって得られた線がいずれの線であるのかを知ることは重要である．
　流線（stream line）とは，その瞬間における速度ベクトルの包絡線である．つまり，それぞれの点において速度ベクトルと流線の方向は一致する．いま，速度ベクトルを $\boldsymbol{v}=(u, v, w)$，流線の微小な切片を (dx, dy, dz) とすれば

$$\frac{dx}{u} = \frac{dy}{v} = \frac{dz}{w} \tag{2.3}$$

が成り立つ．
　流脈（streak line）とは，空間に固定された定点を通過した流体のつながりである．たとえば，煙突から連続的に出された煙がたなびく線は流脈である．
　流跡（path line）とは，ある流体粒子がたどる道筋である．空気と平均密度が等しい風船は風とともに運動する．この風船がたどる軌跡は流跡となる．
　［**例**］　いま，時刻0において煙突の先端から風船を離し，同時に煙を出し始めたものとする．風ははじめ西風，しだいに南風に変わったときの流線，流脈，流跡は図2.2のようになる．

2.2　流体の変形と回転

　流れにはさまざまな形態があるが，どのように複雑な流れであっても単純な運動の組み合わせとして表すことができる．図2.3のように流れの中に微小な

四角形領域を設定し、この領域の流体がどのように変形していくかを考えてみると、基本的な運動は図2.4の3種類であることがわかる．

図2.4(a)は**伸び変形**とよばれ、2点間の長さの変化、(b)は**せん断変形**とよばれ、直交する2辺のなす角度の変化、(c)は**回転**とよばれ、変形をともなわない剛体回転をそれぞれ表している．これらの3種類の変形または回転の組み合わせとしてすべての流れが成り立っている．以下、これらの変形および回転について説明する．

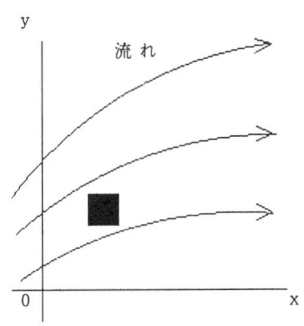

図2.3 流れの中の微小要素

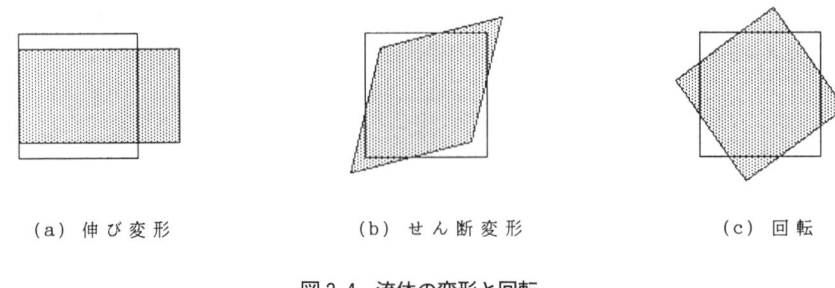

(a) 伸び変形　　　(b) せん断変形　　　(c) 回転

図2.4 流体の変形と回転

2.2.1 伸び変形

伸び変形は2点間の長さの変化である．図2.5のような流れの中の2点A、B間の長さの変化を考える．点Aのx方向速度をuとすれば、微小距離dxだ

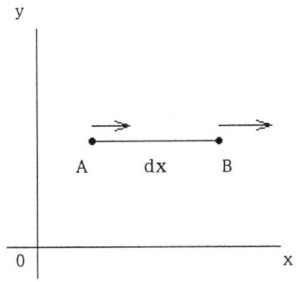

図 2.5 伸び変形

けへだたった点 B では $u+(\partial u/\partial x)dx$ である。微小時間 dt における 2 点間の伸びは次のように求められる．

$$\left(u+\frac{\partial u}{\partial x}dx\right)dt - u\,dt = \frac{\partial u}{\partial x}dx\,dt \tag{2.4}$$

単位時間あたりの伸びひずみを a とすれば，式 (2.4) をもとの長さ dx と時間 dt で割ればよく，

$$a = \frac{\partial u}{\partial x} \tag{2.5}$$

式 (2.5) を x 方向の伸びひずみ速度という．

同様に y 方向，z 方向の速度を v，w とすれば，それぞれの方向の伸びひずみ速度 b，c は次のようになる．

$$b = \frac{\partial v}{\partial y} \tag{2.6}$$

$$c = \frac{\partial w}{\partial z} \tag{2.7}$$

［例］ 図 2.6 のような狭まり流れでは，伸び変形を生じている．

2.2.2 せん断変形

せん断変形は直交する 2 辺のなす角度の変化である．図 2.7 に示す微小な四角形 ABCD の変化を考える．点 A の y 方向速度を v とすれば，x 方向に dx だけへだたった点 B の y 方向速度は $v+(\partial v/\partial x)dx$ である．微小時間 dt にお

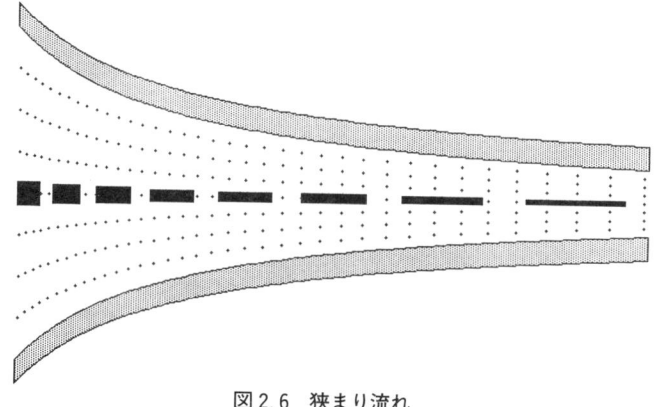

図2.6 狭まり流れ

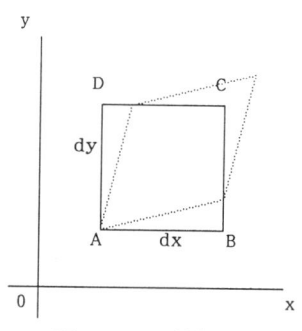

図2.7 せん断変形

ける線分 AB の角度変化量（反時計まわりを正とする）は次のようになる．

$$\left\{\left(v+\frac{\partial v}{\partial x}dx\right)dt - v\,dt\right\}\bigg/ dx = \frac{\partial v}{\partial x}dt \tag{2.8}$$

同様に線分 AD の角度変化量（時計まわりを正とする）は次のようになる．

$$\left\{\left(u+\frac{\partial u}{\partial y}dy\right)dt - u\,dt\right\}\bigg/ dy = \frac{\partial u}{\partial y}dt \tag{2.9}$$

以上から，式 (2.8) と式 (2.9) を合計することによって ∠DAB の変化量が求められ，さらに時間 dt で割ると単位時間あたりの角度変化，つまりせん断ひずみ速度が求められる．これを h とおくと，

$$h = \frac{\partial v}{\partial x} + \frac{\partial u}{\partial y} \tag{2.10}$$

同様に，yz 平面，zx 平面内のせん断ひずみ速度をそれぞれ f，g とすれば，次のようになる．

$$f = \frac{\partial w}{\partial y} + \frac{\partial v}{\partial z} \tag{2.11}$$

$$g = \frac{\partial u}{\partial z} + \frac{\partial w}{\partial x} \tag{2.12}$$

［例］　図2.8のようなクエット流れ（第1章1.2.2参照）では，せん断変形を生じている．

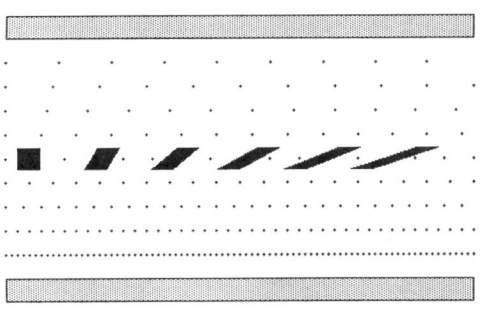

図2.8　クエット流れ

2.2.3　回転

回転は変形をともなわない剛体回転である．図2.9に示す微小四角形ABCD

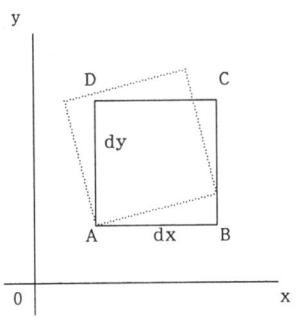

図2.9　回転

の変化を考える．このとき，微小時間 dt における線分 AB の角度変化量は式 (2.8) であり，$(\partial v/\partial x)dt$ となる．また線分 AD の角度変化量は，反時計まわりを正とすれば，式 (2.9) にマイナスをかけたものであり，$-(\partial u/\partial y)dt$ となる．両者を合計し，単位時間あたりの変化量にするため時間 dt で除した値を ζ とおくと，

$$\zeta = \frac{\partial v}{\partial x} - \frac{\partial u}{\partial y} \tag{2.13}$$

ここで，ζ は z 軸まわりの回転角速度の 2 倍の値となり，z 軸まわりの**うず度** (vorticity) とよばれている．

同様に，x 軸，y 軸まわりのうず度をそれぞれ ξ, η とすれば，それぞれ角速度の 2 倍となり，次式で計算される．

$$\xi = \frac{\partial w}{\partial y} - \frac{\partial v}{\partial z} \tag{2.14}$$

$$\eta = \frac{\partial u}{\partial z} - \frac{\partial w}{\partial x} \tag{2.15}$$

［例］　周速が旋回中心からの距離に比例する旋回流を**強制うず** (forced vortex) という．この場合，図 2.10 のように流体の変形は起こらず，回転だけが起こっている．

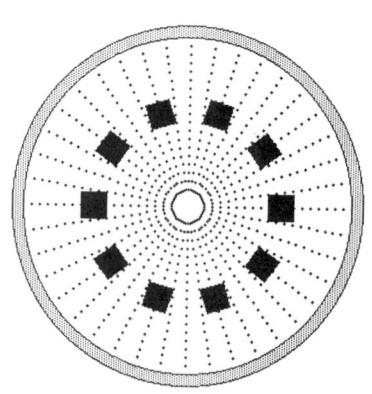

図 2.10　強制うず

例題 2.1 x 方向，y 方向速度がそれぞれ，$u=Ax$，$v=-Ay$ で表される流れにおける伸びひずみ速度，せん断ひずみ速度およびうず度を求めよ．ただし，A は定数である．

解． x 方向の伸びひずみ速度は $\dfrac{\partial u}{\partial x}=A$，$y$ 方向の伸びひずみ速度は $\dfrac{\partial v}{\partial y}=-A$，せん断ひずみ速度は $\dfrac{\partial v}{\partial x}+\dfrac{\partial u}{\partial y}=0$，うず度は $\dfrac{\partial v}{\partial x}-\dfrac{\partial u}{\partial y}=0$ となる．この流れは，せん断変形と回転がなく，x 方向に伸び，y 方向に縮む流れである．

2.3 さまざまな流れ

流体力学を学ぶための基礎として，ここでは流体が流れている状態の分類を行う．

2.3.1 定常流と非定常流

定常流（steady flow）とは時間によって変化しない流れである．一方，**非定常流**（unsteady flow）とは時間とともに変化する流れであり，振動流や過渡流れがその例としてあげられる．振動流とは，水面の波や血液の流れのように速度と圧力が周期的に変化する流れである．過渡流れとは，ある流れの状態から別の状態へと移行する過程の流れであり，たとえば水道の蛇口を開けて水を流し始めるときに定常状態に達するまでの過程などがそれにあたる．

［例］ 水槽などの液面に定在波が発生する現象をスロッシング（sloshing）といい，非定常流の一種である．図 2.11 のような長方形水槽の固有振動数は，水槽の大きさ，深さおよびモードによって決まり，振幅が小さい場合にはポテンシャル流れ（理想流体でうず度が 0 の流れ）の解析によって計算される．

24   2. 流れの基礎

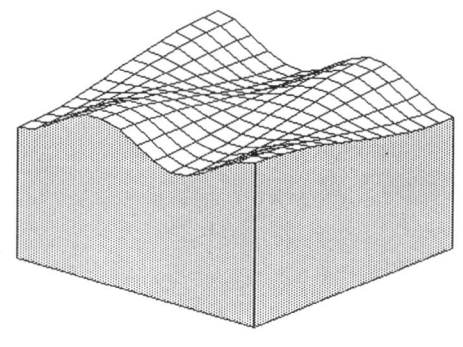

図2.11　スロッシング

2.3.2　一様流と非一様流

一様流（uniform flow）とは場所によらず速度ベクトルが一定（大きさと方向が一定）の流れであり，**非一様流**（non-uniform flow）とは場所によって速度ベクトルが変化する流れである．図 2.12 は一様流，図 2.13 のせん断流や図 2.14 の旋回流は非一様流となる．

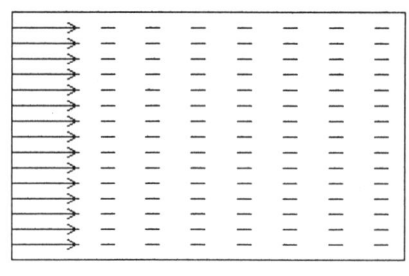

図2.12　一様流

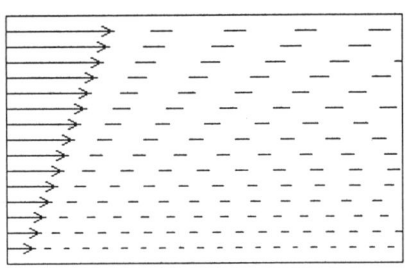

図2.13　せん断流

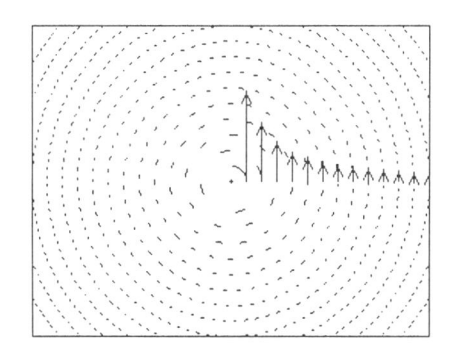

図 2.14　旋回流

2.3.3　旋回流

旋回流 (vortex flow) とは，ある点のまわりをまわる流れであり，**うず流れ**ともよばれている．旋回流の中で最も代表的なものは**自由うず** (free vortex) と**強制うず** (forced vortex) である．

自由うずは周速 V が旋回中心からの半径 r に反比例する旋回流である．

$$V \propto \frac{1}{r} \tag{2.16}$$

浴槽や流しの栓を抜いて水を流出させるときなどは近似的に自由うずとなり，速度分布と水面形状は図 2.15 のようになる．

強制うずは周速 V が半径 r に比例する旋回流である．

$$V \propto r \tag{2.17}$$

容器に液体を入れ，容器ごと回転させると強制うずとなり，図 2.16 のようになる．外部からエネルギーを供給して強制的に回転させるときに強制うずとなる．

自由うずは外部からエネルギーの供給がないときの旋回流であるが，中心で速度が無限大となり，自然界では存在しない．自然界で見られるうずの多くは中心付近で強制うず，外側では自由うずとなる**ランキンの組み合わせうず** (Rankine's compound vortex) である．自由うずと強制うずの境界の半径を r_0 とすれば，次の関係にある．

　　　$r < r_0$ において強制うず　　　$V \propto r$
　　　$r > r_0$ において自由うず　　　$V \propto 1/r$

流れは図2.17のようになる．浴槽や流しの排水時にできるうずや台風は組み合わせうずになる．

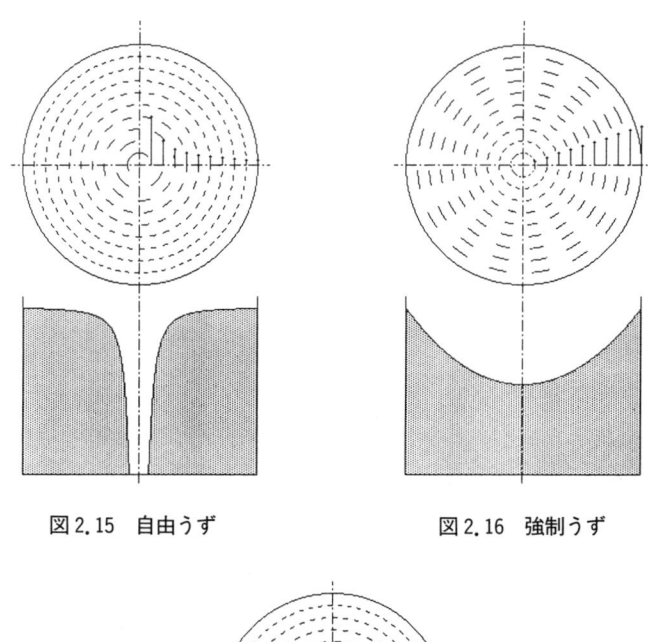

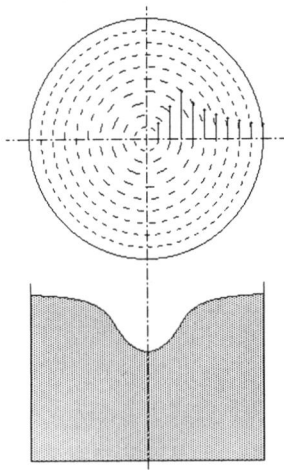

図2.15 自由うず

図2.16 強制うず

図2.17 組み合わせうず

2.3.4 層流と乱流

流れには**層流**（laminarflow）と**乱流**（turbulent flow）という二つの状態があり，1880年ごろレイノルズ（O. Reynolds）は流れが層流になるか乱流になるかは**レイノルズ数**（Reynolds number）という無次元量によって整理されることを実験的に発見した．

レイノルズは円管内に水を流し，その中央に着色液を注入して広がり方を調べた．図2.18(a)は流速が小さい場合であり，着色液はほとんど混合されずほぼ一本の線で流れ，層流とよばれている．図2.18(b)は流速が大きい場合であり，

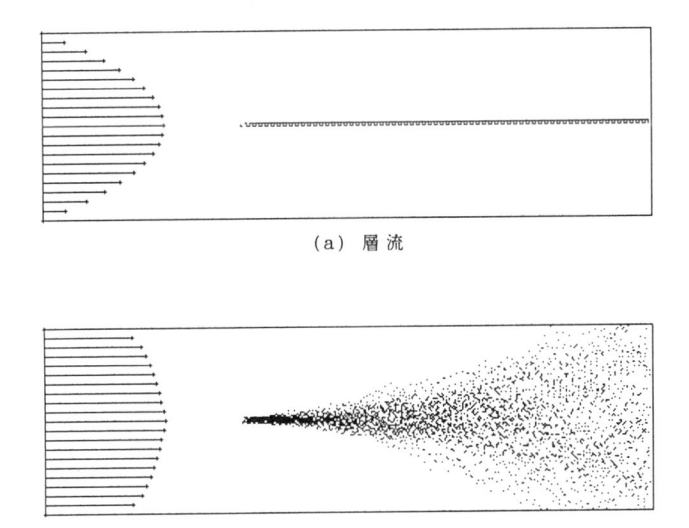

(a) 層 流

(b) 乱 流

図2.18 レイノルズの実験

着色液は管全体に広がり，乱流とよばれている．両者における本質的な相違は速度変動の有無である．乱流では，大小不規則なうずによって各点の速度は常に変動し，管軸に垂直な方向の速度変動も存在する．この速度変動によって着色液の拡散が行われる．一方，層流では速度変動はなく，流れは管軸に平行に進んでいく．

レイノルズは，さまざまな条件の下で実験した結果，次のレイノルズ数 Re に

よって層流と乱流を整理できることを発見した．

$$Re = \frac{vd}{\nu} \tag{2.18}$$

ここで，v は断面平均流速（＝流量/断面積），d は管の内径，ν は流体の動粘度であり，レイノルズ数 Re は無次元量となる．円管内の流れの場合，レイノルズ数がおよそ2300以下のとき流れは必ず層流になり，およそ4000以上のときにはほとんど乱流になる．乱れが少ない流れではレイノルズ数が4000より大きいときにも層流になるが，工業的な流れでは乱れをもっている場合が多く，乱流になると考えてよい．このとき，層流から乱流へと遷移を始める2300を**臨界レイノルズ数**（critical Reynolds number）といい，流路の形によってその値は異なったものとなる．

乱流はミクロ的に見ると常に速度が変動しているので厳密には非定常流であるが，多くの場合は速度変動分を除外した時間平均速度を対象として考え，時間平均速度が一定であれば定常流として扱われる．

例題 2.2 内径 100 mm の円管内に 20℃，1気圧の空気を平均流速 2.00 m/s で流している．内部の流れは層流か，乱流か．ただし，空気の密度を 1.205 kg/m³，粘度を 1.810×10^{-5} Pa・s とする．

解． 動粘度は，$\nu = \mu/\rho = 1.502 \times 10^{-5}$ m²/s である．レイノルズ数は，$Re = vd/\nu = 1.33 \times 10^4$ となり，円管内流れの臨界レイノルズ数 $Re_{cr} = 2300$ よりも十分大きく，乱流と考えられる．

2.3.5 混相流

混相流 (multi-phase flow) とは，気相，液相，固相のうち二つ以上の相を含む流れである．これに対して，一つの相だけの場合，**単相流** (single-phase flow) とよばれる．混相流は相の組み合わせから，気液二相流，固気二相流，固液二相流などの種類がある．

混相流の代表例として**キャビテーション** (cavitation) があげられる．液体の圧力を下げていくと中に含まれる気相成分が小気泡となって現れ，さらに飽和

蒸気圧以下になると液体が蒸発し，気泡の発生，成長が盛んになる．このような現象をキャビテーションといい，振動や騒音を発生する．キャビテーションが激しいときには，壁面に損傷を与える場合（かい食）もある．

［例］ 図 2.19 のような狭まり管内を液体が流れているとき，狭まった所では流速が大きくなり，圧力が低下する．流れが高速になると圧力の低下が著しくなり，キャビテーションが発生することがある．

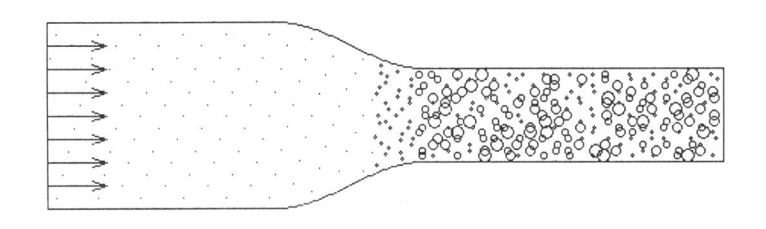

図 2.19 キャビテーション

演習問題 2

(1) x 方向，y 方向速度がそれぞれ，$u=Ax$, $v=-Ay$ で表される流れの流線を求めよ．ただし，A は定数である．
(2) クエット流れにおける伸びひずみ速度，せん断ひずみ速度およびうず度を求めよ．ただし，平板間距離を H，運動する平板の速度を U とする．
(3) 強制うずにおける伸びひずみ速度，せん断ひずみ速度およびうず度を求めよ．ただし，$V=r\omega$（V は周速，r は半径，ω は角速度で定数）とする．
(4) 自由うずにおけるうず度を求めよ．ただし，$V=k/r$（V は周速，k は定数，r は半径）とする．
(5) 内径 50 mm の円管内を 20°C，1 気圧の水が流れている．流れを層流にするための断面平均流速の条件を求めよ．ただし，水の動粘度を $1.004\times10^{-6}\,\mathrm{m^2/s}$ とする．

3. 静止流体の力学

　水の中では深い所ほど大きな圧力になる．では，流体の中の圧力はどのように定まり，どのように作用するのだろう．

　本章では，流体が静止しているときの内部の力のつりあいを考える．この場合，せん断応力は働かず，圧力による力に関してつりあいを考えればよい．まず，重力場における流体の圧力を通じて圧力の基礎を学び，さらにその圧力によって壁面にどのような力が働くかを学ぶ．

3.1 静止流体の圧力

流体が静止しているときの圧力のつりあいについて考えてみる．最も基本的な場合は，重力場における圧力である．

3.1.1 重力場における流体の圧力

いま，重力場の中で流体が静止しているものとする．図3.1のように，鉛直

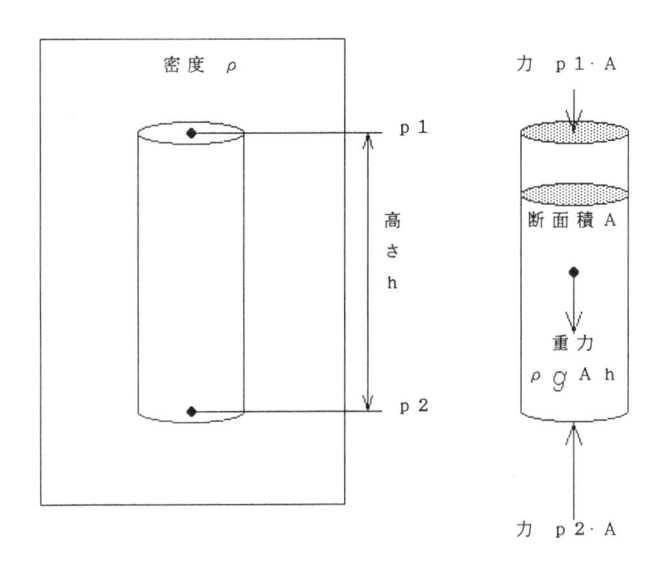

図3.1 重力場における流体の圧力

方向に距離 h だけ離れた2点の圧力をそれぞれ p_1, p_2 とする．これらの圧力の関係を求めるため，断面積 A，高さ h の液柱を取り出して力のつりあいをたててみる．流体の密度を ρ，重力加速度を g とすれば，鉛直方向の力のつりあいは次のようになる．

$$p_1 A + \rho g A h = p_2 A \tag{3.1}$$

これより，2点間の圧力差 Δp は，

$$\Delta p = p_2 - p_1 = \rho g h \tag{3.2}$$

式 (3.2) を微分形式で表すと次のようになる．

$$dp/dz = -\rho g \tag{3.3}$$

ただし，z は鉛直上向きの座標である．式 (3.2) または式 (3.3) から流体の圧力は高さだけで定まり，同じ高さであれば同一の圧力になることがわかる．

このように定まる圧力は考えている点において，すべての方向に同じ大きさの圧力として作用する．

3.1.2 液柱圧力計

重力場における流体の圧力の性質を利用したものに液柱圧力計（マノメータ）がある．図3.2のように，透明なU字型の管に液体を入れたものをU字管マノ

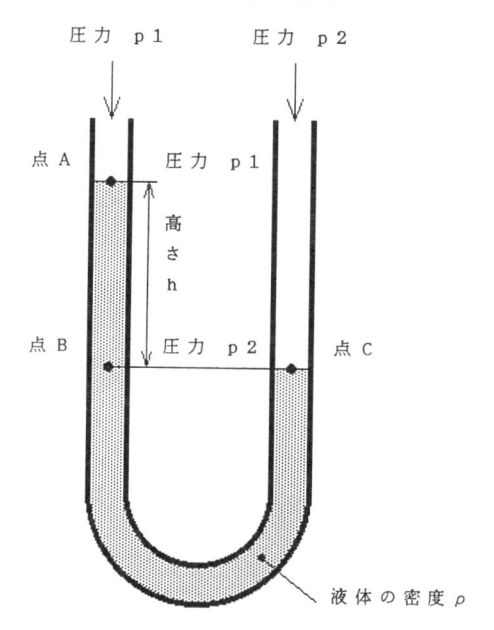

図3.2 U字管マノメータ

メータ (U-tube manometer) といい，圧力測定に広く用いられている．

いま，左側に圧力 p_1，右側に p_2 がかかり，図のようにつりあっているものとする．点Bと点Cは同じ高さにあり，圧力はともに p_2 である．左右の液面高さ

の差を h とすれば，左右の圧力差は式（3.2）から次のようになる．

$$\Delta p = p_2 - p_1 = \rho g h \tag{3.4}$$

このことから，高さ h を測定すれば圧力差が求められることがわかる．

U字管マノメータでは，互いに混ざり合わない2種類の液体を用いる場合もある．図3.3のように下部に密度 ρ_2，上部に密度 ρ_1 の液体が入っており，左側

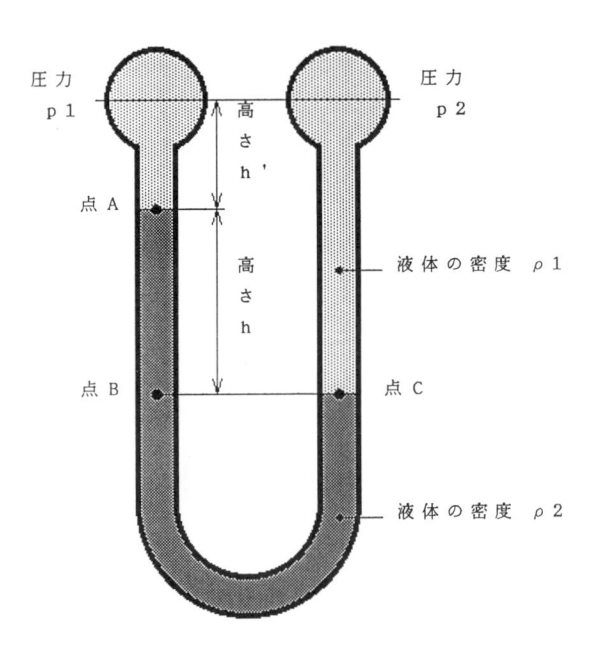

図3.3　2種類の液体を用いたU字管マノメータ

上部の圧力を p_1，それと同じ高さの右側の圧力を p_2 とする．点Bの圧力は，

$$p_B = p_1 + \rho_1 g h' + \rho_2 g h \tag{3.5}$$

点Cの圧力は，

$$p_C = p_2 + \rho_1 g (h' + h) \tag{3.6}$$

点Bと点Cは同一の流体でつながっており，同じ高さであるので，$p_B = p_C$ である．したがって，式（3.5）と（3.6）から，次のように圧力差が求められる．

$$\Delta p = p_2 - p_1 = (\rho_2 - \rho_1) g h \tag{3.7}$$

液面高さの差 h を測定すれば，式（3.7）から圧力差が求められることがわか

る．液体内の圧力を測定する場合に，このように2種類の液体が用いられる．

3.2 絶対圧力とゲージ圧力

　圧力は，その基準のとり方から2通りの測り方がある．

　一つは**絶対圧力**（absolute pressure）とよばれ，絶対真空を基準（圧力＝0）とするものである．熱力学における気体の状態式などは絶対圧力で記述され，物理学や化学などの学問的な立場からすれば，絶対圧力が重要である．

　一方，大気圧を基準とする圧力は**ゲージ圧力**（gauge pressure）とよばれている．これは大気圧との差圧であり，工業的あるいは実用的に便利な場合が多く，広く用いられている．

　絶対圧力とゲージ圧力との間には次の関係が成り立つ．

$$（絶対圧力）＝（ゲージ圧力）＋（大気圧）$$

［例］　図3.4の内圧 p（絶対圧力）を受けるタンクの強度を考える．外側は大気圧 p_a（絶対圧力）を受けている．強度は内外の圧力差にかかわるので，ゲージ圧力で考えることにすれば，内圧は $p'(=p-p_a)$，外圧は0となり，問題が簡略化される．

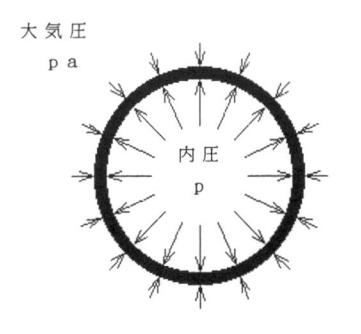

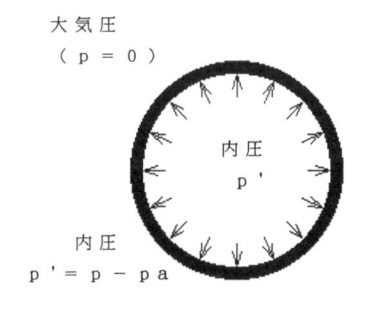

(a) 絶対圧力で考える場合　　　　(b) ゲージ圧力で考える場合

図3.4　絶対圧力とゲージ圧力

3.3 圧力によって壁面に働く力

壁面に圧力が作用していると,その合力として力が働くことになる.ここでは,その力の求め方について説明する.

3.3.1 液体中の壁面に働く力

静止した液体中にある壁面に働く力は,圧力を面積分することによって求められる.このように圧力によって面に働く力を**全圧力**という.

図3.5のような曲面の片面に働く力 F を求めてみる.微小面積 dA における

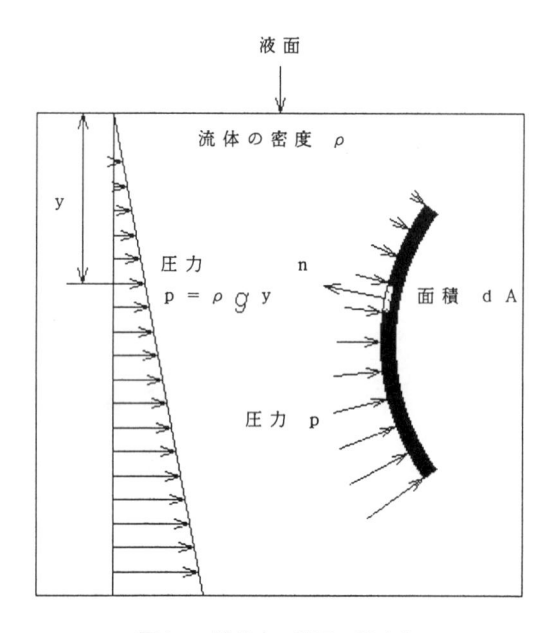

図3.5 液体中の壁面に働く力

圧力 p は面に垂直に働く.面に垂直な外向きの単位ベクトルを n とすれば,dA に働く力は $-pn\,dA$ であり,面に働く全圧力 F は次の面積分によって計算される.

3.3 圧力によって壁面に働く力　37

$$F = \int_A (-p) \boldsymbol{n} \, dA \tag{3.8}$$

ただし，右辺は考えている面全域にわたる面積分である．流体の圧力 p をゲージ圧力で考えることにすれば，液面から深さ y における圧力は $\rho g y$ となり，これを代入して計算すればよい．

一般的には式 (3.8) から全圧力を求めるが，以下の節では平面に働く全圧力の求め方について述べることにする．

[例]　図3.6は，2組のシリンダが管で接続され，中に液体が入っているものであ

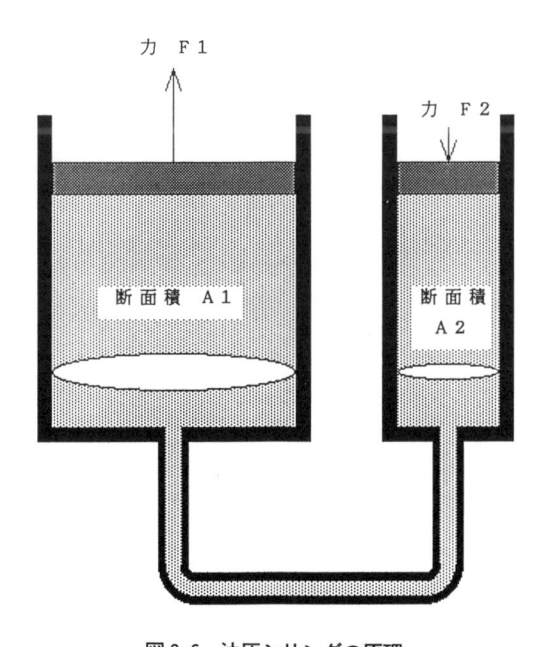

図3.6　油圧シリンダの原理

る．ピストンの断面積をそれぞれ A_1, A_2 とする．二つのピストンが同じ高さにあれば圧力 p は等しく，ピストンに働く力を F_1, F_2 とすれば，

$$F_1 = pA_1, \qquad F_2 = pA_2$$

よって，

$$F_1/F_2 = A_1/A_2$$

となり,作用する力は断面積に比例することがわかる.そこで,面積比 A_1/A_2 を大きくとれば,小さな力 F_2 を加えて大きな力 F_1 を発生させることができる.

3.3.2 鉛直な平面に働く力

図3.7に示す鉛直な平面の片側に働く力を求める.平面の場合,圧力の作用

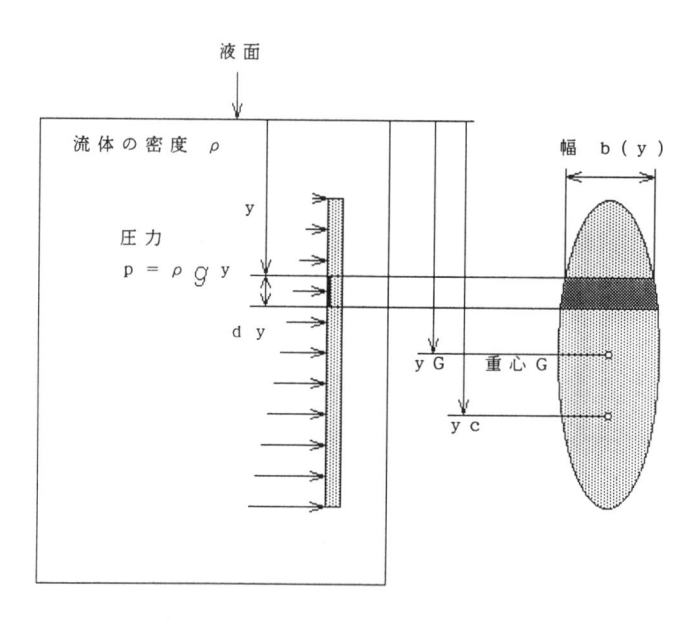

図3.7 鉛直な平面に働く力

する方向は一定であるから全圧力はスカラの面積分で求められる.液面から深さ y における圧力は $\rho g y$,平板の幅を $b(y)$ とすれば,式 (3.8) から求める力 F は次のようになる.

$$F = \int \rho g y b(y) dy \tag{3.9}$$

ここで,液面から平面の重心までの深さを y_G とすれば,重心の性質から次式が成り立つ.

$$\int y b(y) dy = y_G A \tag{3.10}$$

ここで，Aは平面の面積である．式(3.10)を式(3.9)に代入すると，
$$F = \rho g y_G A \tag{3.11}$$
したがって，重心位置における圧力($\rho g y_G$)に面積Aをかければ全圧力Fが求められる．

次に全圧力の作用点を求める．この作用点を**圧力の中心**(center of pressure)といい，モーメントのつりあいから求められる．圧力の中心の位置をy_Cとすれば，
$$F y_C = \int \rho g y^2 b(y) dy \tag{3.12}$$
よって，式(3.11)と式(3.12)より
$$y_C = \frac{1}{y_G A} \int b(y) y^2 dy \tag{3.13}$$
圧力の中心の位置y_Cは，重心位置y_Gよりも深い位置になる．

例題 3.1 一辺の長さがaの正方形が，図3.8のように密度ρの液体中に鉛直に固定されている．液面から上の辺までの距離をhとして，以下の問に答えよ．
(1) 片面に働く全圧力Fを求めよ．
(2) 液面から圧力の中心までの距離y_Cを求めよ．

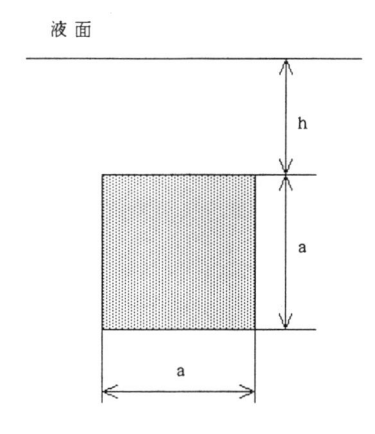

図 3.8 鉛直な正方形板

解. (1) 正方形の重心までの深さは，$\dfrac{a}{2}+h$ であるので，

$$F=\rho g a^2\left(\dfrac{a}{2}+h\right).$$

(2) 式（3.13）より

$$y_C=\dfrac{1}{y_G a^2}\int_h^{a+h} ay^2 dy=\dfrac{2(a^2+3ah+3h^2)}{3(a+2h)}.$$

3.3.3 傾斜している平面に働く力

図3.9に示す傾斜平面の片側に働く全圧力を求める．液面からの深さを z，

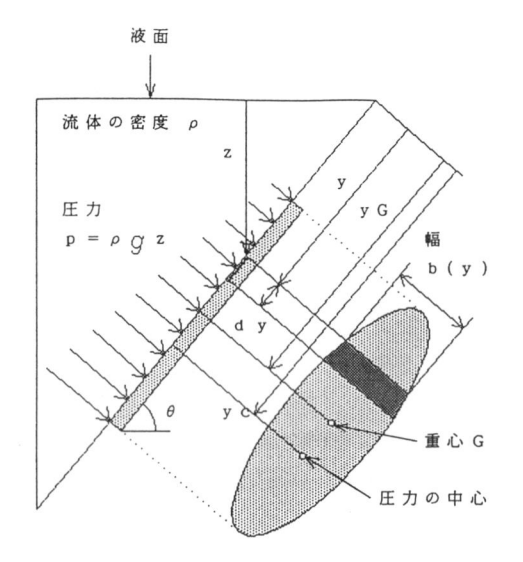

図3.9 傾斜している平面に働く力

平面の方向に測った液面からの距離を y とする．深さ z における圧力 p は，

$$p=\rho gz=\rho gy\sin\theta \tag{3.14}$$

である．これを式（3.8）に代入すると，全圧力 F は次式となる．

$$F=\rho g\sin\theta\int yb(y)dy \tag{3.15}$$

これに，重心の性質，式（3.10）を代入し，

$$F=\rho g y_G A\sin\theta=\rho g z_G A \tag{3.16}$$

となり，鉛直な平面の場合と同様に，重心位置における圧力（$\rho g z_G$）に面積Aをかけた値となる．

圧力の中心 y_c を求めるためモーメントのつりあい式をたてる．

$$F\, y_c = \int \rho g y^2 \sin\theta \cdot b(y) dy \tag{3.17}$$

よって，式（3.16）と式（3.17）より

$$y_c = \frac{1}{y_G A} \int b(y) y^2 dy \tag{3.18}$$

となり，鉛直な平面の場合と同じ位置となる．

3.4 浮力

流体中に物体があると**浮力**（buoyancy）が作用する．アルキメデスの原理によれば，浮力は物体が排除した流体の重量に等しいが，このことを確かめてみよう．

図3.10(a)のように，密度ρの流体の中に体積Vの物体が置かれている．浮力は，物体表面に働く圧力が深さによって変化するために生じる．つまり，図3.10のように圧力が分布し，これをベクトル的に全表面にわたって面積分すれば浮力が求められる．

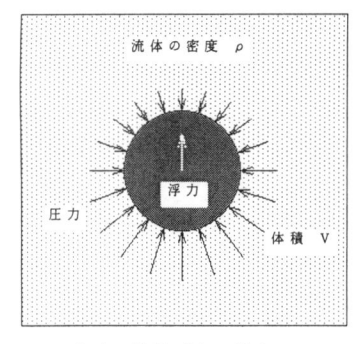

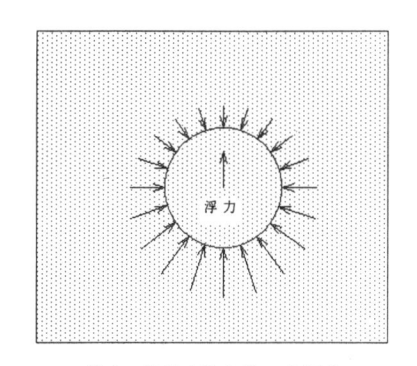

（a）物体がある場合　　　（b）物体を取り除いた場合

図3.10　静止流体中の物体

次に,図3.10(b)のように物体を取り除き,そこへまわりと同じ流体を入れてみる.まわりの圧力分布が(a)と(b)とで同一であるため,物体が受ける力と(b)の内部の流体が受ける力は同一になる.ところで,(b)の場合,内部の流体の重力はまわりの流体から受ける浮力とつりあっており,これらの大きさは物体に働く浮力に等しいことになる.したがって,浮力は同じ体積の流体の重量 ($\rho g V$) に等しいということがわかる.

次に,図3.11のように物体が液体に浮いている場合を考える.(a)は物体が浮

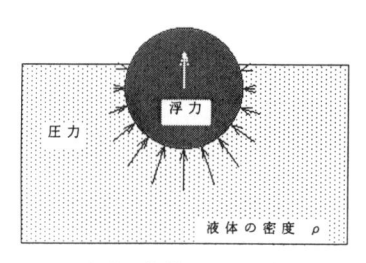

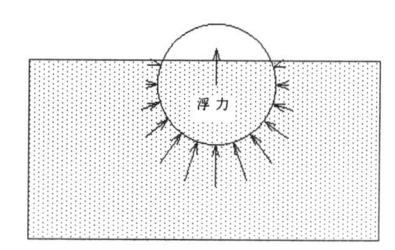

（a）物体がある場合　　　　　（b）物体を取り除いた場合

図3.11　液体に浮いている物体

いている場合であり,(b)は物体を取り除き,液面高さまでまわりと同じ液体を入れたものである.両者はまわりの圧力分布が同一であるので,両者の受ける浮力は同一である.(b)では重力と浮力がつりあっているため,物体が受ける浮力は液体中に没している部分と同じ体積の液体の重量 ($\rho g V'$；V' は液体に没している部分の体積) に等しいことがわかる.

例題 3.2 密度 ρ の液体の中に密度 ρ_S の物体が浮いている.空気中に出ている部分の体積が V_A であるとき,液中部分の体積 V_L を求めよ.

解. 物体に働く浮力と重力がつりあうことから

$$\rho g V_L = \rho_S g (V_L + V_A)$$

よって,

$$V_L = \frac{\rho_S}{\rho - \rho_S} V_A$$

3.5 加速度運動時の流体の圧力

流体が等加速度運動する場合や強制うず流れでは，流体粒子間の相対速度がゼロとなり，相対的静止状態になる．この場合，せん断応力は働かず，静止時と同様の取り扱いが可能となる．

3.5.1 等加速度運動における圧力分布

流体が x 方向に等加速度運動している場合を考えてみる．x 方向速度を u，加速度を du/dt として，図3.12のような微小な四角形領域の運動方程式をた

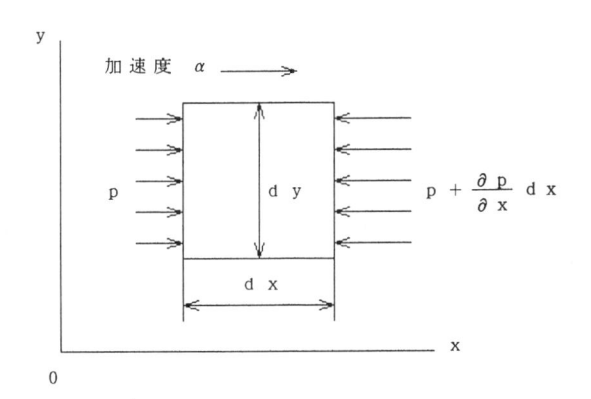

図 3.12 等加速度運動する流体

てる．流体の密度を ρ とすれば，単位厚さ（z 方向厚さが1）あたりの質量は $\rho\,dx\,dy$，圧力は左面で p，右面で $p+(\partial p/\partial x)dx$ である．力のつりあいは次式となる．

$$\rho\,dx\,dy\frac{du}{dt}=p\,dy-\left(p+\frac{\partial p}{\partial x}dx\right)dy \tag{3.19}$$

よって

$$\frac{\partial p}{\partial x}=-\rho\frac{du}{dt} \tag{3.20}$$

3. 静止流体の力学

したがって，流体が加速度運動するとき，加速度の方向に負の圧力こう配ができることがわかる．

いま，図3.13のように液体の入った水槽を水平方向に加速度 a で等加速度運動させてみる．式（3.20）からわかるように，水平方向にも圧力こう配が発生する．この場合，流体は重力（mg）と慣性力（ma）とを受ける．したがって，重力加速度 g と加速度 a を図3.13のようにベクトル的に合成した見かけの重

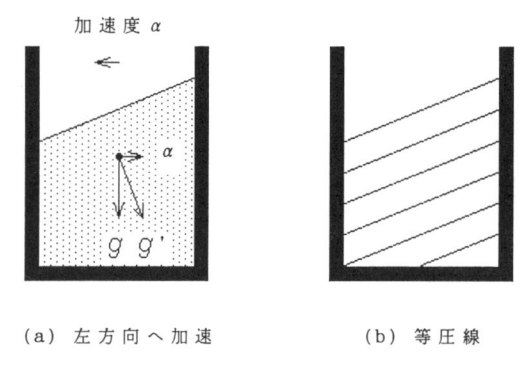

(a) 左方向へ加速　　(b) 等圧線

図3.13　水平方向に加速される水槽

力加速度 g' を受けているとみなせばよい．液面および等圧面は g' と垂直になる．g' の方向の座標を n とすれば，n 方向の圧力こう配は次のようになる．

$$\frac{\partial p}{\partial n} = \rho g' \tag{3.21}$$

次に，図3.14のように水槽を鉛直下方に加速度 a で運動させてみる．この場

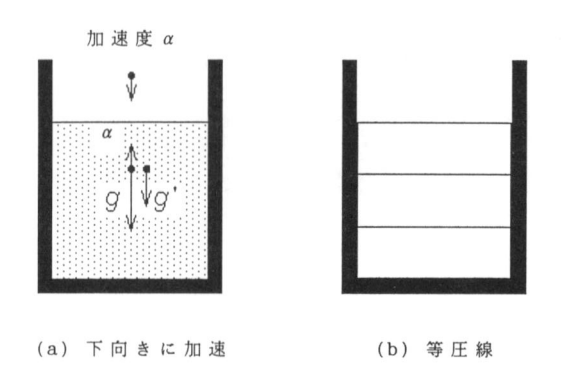

(a) 下向きに加速　　(b) 等圧線

図3.14　鉛直下方に加速される水槽

合は，見かけの重力加速度を $g'=g-\alpha$ と考えればよい．

　図 3.15 のように鉛直上方に加速度 α で運動させる場合は，見かけの重力加速度を $g'=g+\alpha$ と考えればよい．

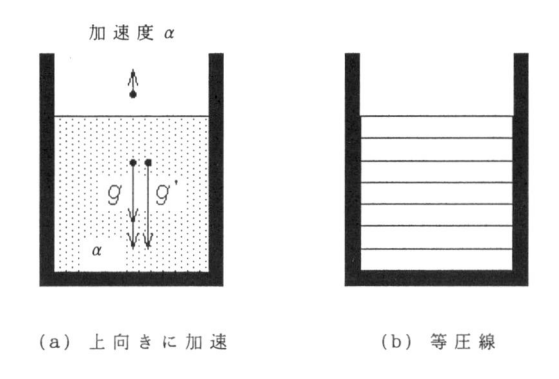

(a) 上向きに加速　　(b) 等圧線

図 3.15　鉛直上方に加速される水槽

例題 3.3　内径 d，深さ a の円筒型の水槽に，水が深さ h まで入っている．これを水平方向にゆっくりと加速し，徐々に加速度を大きくしていく．中の水がこぼれないようにするためには加速度はいくらまで大きくできるか．ただし，$h>a/2$ とする．

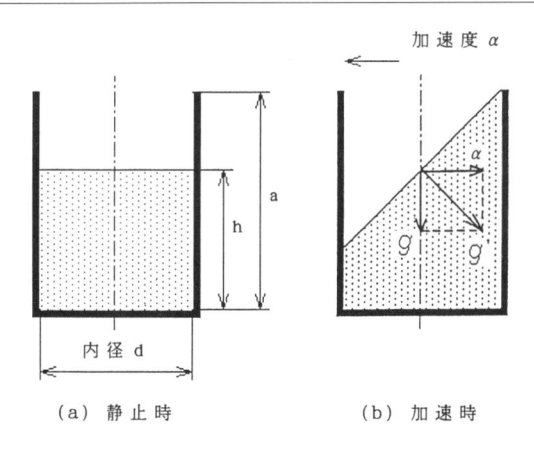

(a) 静止時　　(b) 加速時

図 3.16　加速される円筒型水槽

解. 求める加速度の最大値を a_{max} とする．図 3.16(b) から

$$\frac{a_{max}}{g} = \frac{2(a-h)}{d}$$

よって

$$a_{max} = \frac{2(a-h)}{d} g$$

3.5.2 強制うずにおける圧力分布

強制うず（forced vortex）は周速が半径に比例する旋回流れであり，流体は剛体回転し，相対的な静止状態となる．

図 3.17 は鉛直な軸まわりに水槽を回転させて，強制うずにしているところで

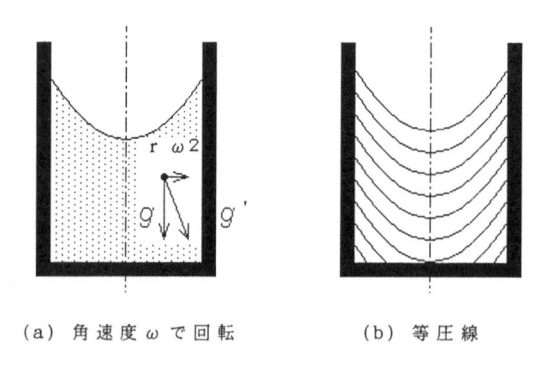

（a）角速度 ω で回転　　　（b）等圧線

図 3.17　強制うず

ある．角速度 ω は一定とする．この場合，流体は重力 (mg) と遠心力 ($mr\omega^2$) とを受ける．液面および等圧面はこれらの二つの力を合成したベクトルと直交する．

半径 r の位置での加速度は半径方向内向きに $r\omega^2$ であるので，半径方向の圧力こう配は式 (3.20) から次のようになる．

$$\frac{\partial p}{\partial r} = \rho r \omega^2 \tag{3.22}$$

ここで，ある水平面内の圧力分布を求めてみる．式 (3.22) を r で積分し，$r=0$ で $p=p_0$ とすれば，

$$p = p_0 + \rho r^2 \omega^2 / 2 \tag{3.23}$$

いま考えている水平面から液面までの高さを h とすれば，$p=\rho gh$ から
$$h=\frac{p_0}{\rho g}+\frac{r^2\omega^2}{2g} \tag{3.24}$$
となる．したがって，液面が回転放物面になることがわかる．同様にして等圧面も回転放物面になることを導くことができる．

演習問題 3

(1) タンクの側面に管とシリンダが接続され，図 3.18 のように中に水が入っている．タンク内の空気圧をゲージ圧力で求めよ．また，ピストンとシリンダとの間の摩擦が無視できるものとして，ピストンを支えるのに必要な力を求めよ．ピストンの直径は 100 mm とする．

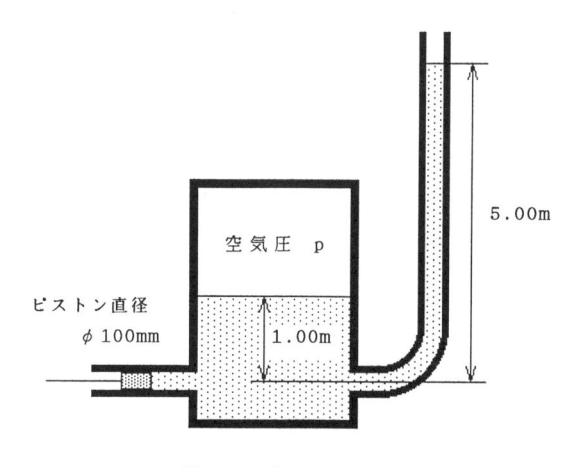

図 3.18 演習問題 (1)

（2） 底面が一辺 a の正方形をした四角い水槽に，密度 ρ_1 と密度 ρ_2 の2種類の液体が混ざり合わずにそれぞれ深さ h ずつ入っている．一つの側面に働く全圧力と圧力の中心の位置を求めよ．ただし，$\rho_1 < \rho_2$ とする．

（3） 直径 d の円板が，密度 ρ の液体の中に鉛直に固定されている．円板の中心が液面から深さ $z(z>d/2)$ のとき，圧力の中心の位置を求めよ．

（4） 一辺が a の正四面体が，密度 ρ の液体の中に固定されている．下の面が水平な状態であり，上の頂点は液面から深さ h の位置にある．四つの面にそれぞれ働く全圧力を求めよ．次に，その四つの力の合力を求め，アルキメデスの原理が成り立つことを確かめよ．

（5） 内径 500 mm，深さ 1000 mm の円筒型水槽に深さ 500 mm まで水が入っている．中の水がこぼれないように円筒を中心軸まわりに回転させるとき，最大回転数は何 rpm か．

4. 一次元流れ

　流れをせき止めると圧力は大きくなる．逆に，流れの速度が大きな所では圧力は低下する．これらのことは流体のエネルギーから説明することができる．では，流体のエネルギーとはどのようなものだろう．

　本章では，一つの流線に沿った流れ，「一次元流れ」を対象として流れの基礎を学ぶ．質量保存則から連続の式が，エネルギー保存則からベルヌーイの式がそれぞれ導かれる．

4.1 連続の式

一つの流線に沿った流れを一次元流れといい，一つの座標で流れを記述することができる．非圧縮性流体の一次元流れについて質量保存則を考えてみよう．

非圧縮性流体の場合，ある領域にある質量分だけ流体が流入すると，同じ質量分だけ別の所から流出することになる．このことは，領域内の質量が不変であることに対応し，**質量保存則**を表している．非圧縮性流体では体積変化がなく，流入する体積と流出する体積が等しいという表現もできる．

図 4.1 のような一次元流れを考える．流入側では断面平均流速が v_1, 断面積

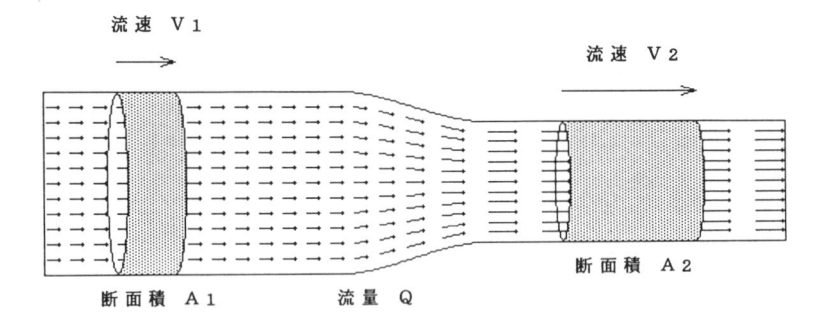

流速 V1

流速 V2

断面積 A1　流量 Q

断面積 A2

図 4.1　一次元流れ

A_1, 流出側ではそれぞれ v_2, A_2 である．断面平均流速 v に断面積 A をかけると単位時間あたりに断面を通過する体積，つまり**流量** (flow rate) Q になる．流入体積と流出体積が等しいことから

$$A_1 v_1 = A_2 v_2 = Q \tag{4.1}$$

あるいは，断面積 A の断面の平均速度を v とすれば次式のように表現することもできる．

$$Q = Av = \text{const.} \tag{4.2}$$

式 (4.1)，あるいは式 (4.2) を一次元非圧縮流れの**連続の式** (equation of continuity) といい，質量保存則を表している．

4.2 ベルヌーイの定理

エネルギーの損失がない場合，流体のエネルギーは一定に保たれる．そこで，流体についてエネルギー保存則を考えてみよう．

4.2.1 ベルヌーイの定理

非圧縮性流体の定常流れについて流体のエネルギーを考えることにする．図 4.2 は密度 ρ の流体の一次元流れであり，断面 A において流速 v，圧力 p，高さ z，流量 Q である．断面 A を単位時間あたりに通過する流体は質量 ρQ であり，次のエネルギーを保有する．

(1) 運動エネルギー　$\rho Q v^2 / 2$
(2) 位置エネルギー　$\rho Q g z$
(3) 圧力によって伝達される仕事　pAv

エネルギー損失がなければ，これらの総和である力学的エネルギーは一定に保

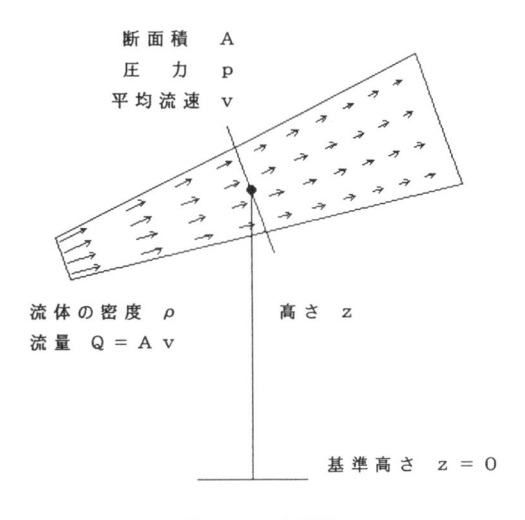

図4.2　一次元流れ

たれる.

$$pAv + \rho Q v^2/2 + \rho Q g z = \text{const.} \tag{4.3}$$

両辺を $\rho Q g(=\rho g A v=\text{const.})$ で割る．右辺は一定値となり，H とおくと

$$p/\rho g + v^2/2g + z = H = \text{const.} \tag{4.4}$$

が成り立つ．式 (4.4) は，**ベルヌーイの式** (Bernoulli's equation) あるいはベルヌーイの定理とよばれている．エネルギー損失のない流れでは，同一の流線に沿って式 (4.4) の値が一定に保たれる．

式(4.4) の $p/\rho g$ は**圧力ヘッド** (pressure head), $v^2/2g$ は**速度ヘッド** (velocity head), z は**位置ヘッド** (potential head), H は**トータルヘッド** (total head) とよばれ，それぞれ圧力によって伝達される仕事，運動エネルギー，位置エネルギー，エネルギーの総和を流体の高さ（そのエネルギーを位置エネルギーに置き換えたときの高さ）に換算した値である．

4.2.2 ベルヌーイの定理の応用

ベルヌーイの定理を使っていくつかの問題を考えてみよう．

例題 4.1 小孔からの流出

図 4.3 のように，水槽の側面に十分小さな小孔があり，そこから内部の液体が大気中に流出している．損失は無視できるものとして，流出速度 v を求めよ．小孔は液面から深さ H にあるものとする．

解． 液面と流出部とでベルヌーイの式をたてる．圧力はゲージ圧力で考えれば，ともに大気圧で 0 である．流速は，液面では非常に小さく近似的に 0，流出部では v である．流出部の高さを 0 とすれば，液面では H である．ベルヌーイの式は次のようになる．

$$H = v^2/2g$$

よって，$v = \sqrt{2gH}$

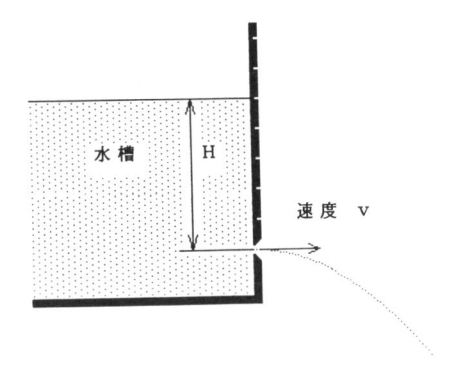

図4.3 小孔からの流出

例題 4.2　ピトー管の原理

90°に曲げた管を図4.4のように液体の流れの中に入れた．管の先端では流れがせき止められ，流速は0となり，圧力が上昇する．管内の液がまわりの液面に比べて高さHだけ上昇しているとき流速Uを求めよ．

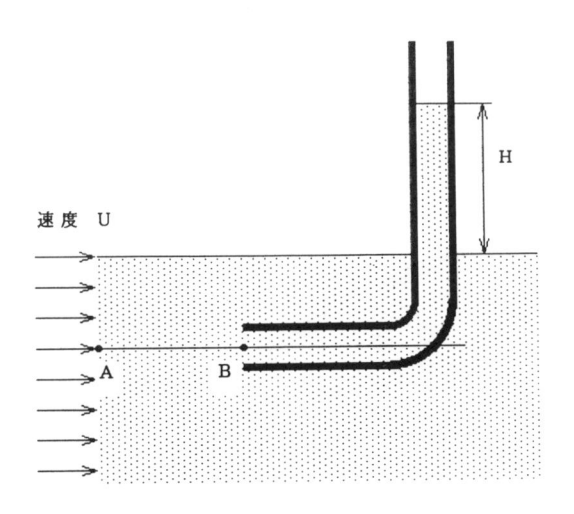

図4.4　ピトー管の原理

解. 管の先端 B とその十分上流側の点 A とでベルヌーイの式をたてる。点 A の圧力を p_S，点 B の圧力を p_T とすると次式がえられる．

$$p_S/\rho g + U^2/2g = p_T/\rho g$$

あるいは

$$p_S + \rho U^2/2 = p_T$$

ここで，p_S は**静圧** (static pressure)，p_T は**全圧** (total pressure) とよばれている．$\rho U^2/2$ は流れをせき止めたことによる圧力上昇であり，**動圧** (dynamic pressure) とよばれている．全圧は静圧と動圧の合計である．上式より

$$U = \sqrt{2(p_T - p_S)/\rho}$$

p_T は液柱高さ H の分だけ p_S より大きく，$p_T = p_S + \rho g H$ であるので

$$U = \sqrt{2gH}$$

以上から，静圧と全圧がわかれば流速 U が求められることがわかる．ピトー管はこの原理を用いた流速測定装置であり，広く利用されている．

例題 4.3　傾斜管内の流体のエネルギー

図 4.5 に示すような傾斜管内を流体が流れている．エネルギー損失がないものとして，点 A，B，C の各点における流体のエネルギーの内訳を考えよ．

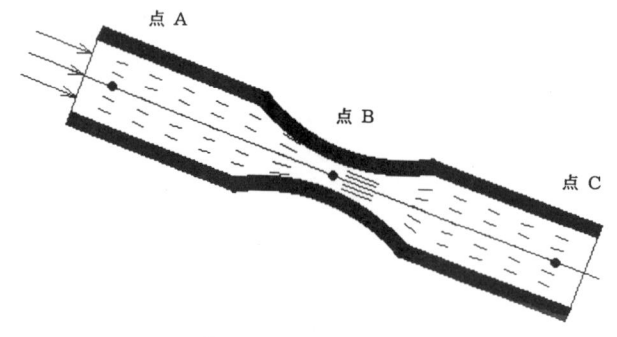

図 4.5　傾斜管内の流れ

解. ヘッドを示すと図 4.6 のようになり，損失エネルギーを無視しているので，トータルヘッドは一定となる．位置ヘッドは直線的に変化する．点Bでは，断面積が小さくなっているため，速度ヘッドが大きく（運動エネルギーが大きく），その分だけ圧力ヘッドが小さくなっている．

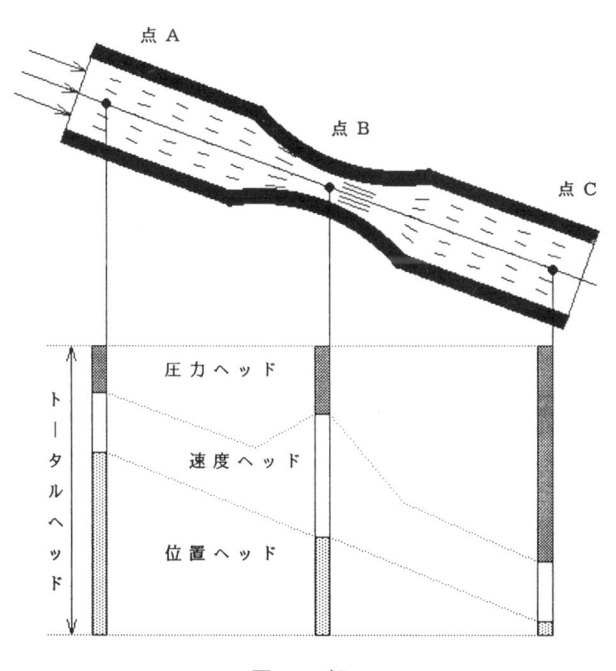

図 4.6 解

4.3 エネルギー損失を伴う流れ

実際の流れでは必ずエネルギー損失を伴うので，ベルヌーイの式は成り立たない．ある流線の上流側の点で圧力 p_1，流速 v_1，高さ z_1，下流側の点で圧力 p_2，流速 v_2，高さ z_2 とする．損失があるとき，ベルヌーイの式の代わりに次のエネルギーの式が用いられる．

$$\frac{p_1}{\rho g}+\frac{v_1^2}{2g}+z_1=\frac{p_2}{\rho g}+\frac{v_2^2}{2g}+z_2+\Delta h \tag{4.5}$$

ここで，Δh は **損失ヘッド**（loss of head）とよばれ，2点間で失われるエネルギーをヘッド（流体の高さに換算した値）で表したものである．

エネルギー損失については第7章などで詳細を述べるが，一例を図4.7に示す．管内の流れでは，管の内壁と流体との摩擦から管摩擦損失があり，エネルギーは下流へ向かうほど小さくなる．また，水槽から管への入口部で入口損失，縮小部で狭まり損失，拡大部で広がり損失，曲がり部で曲がり損失などを受け，それぞれでエネルギーが失われていく．

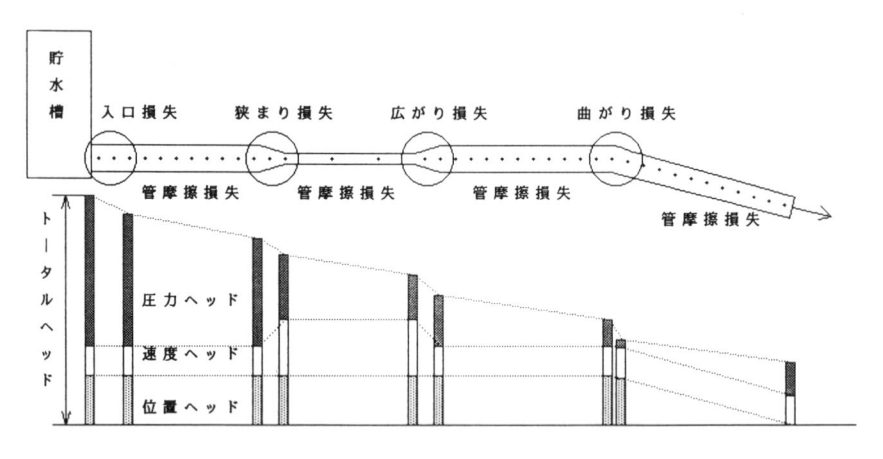

図4.7 エネルギー損失を伴う流れ

演習問題 4

（1） 水槽の側面に面積 A_2 の穴があり，ここから中の水が流出している．水面の面積は A_1 で，圧力は大気圧である．穴は水面から深さ h にある．損失が無視できるものとして流出流量 Q を求めよ．

（2） 図4.8のように，水槽の側面の小孔から水平方向に水が流出している．水平な床から水面までの高さは H，小孔は水面から深さ y にある．流出した水が床に達するまでに到達する水平距離を x とする．y の位置を変化させるとき，x の

最大値とそのときの y の値を求めよ．ただし，損失および空気抵抗は無視する．

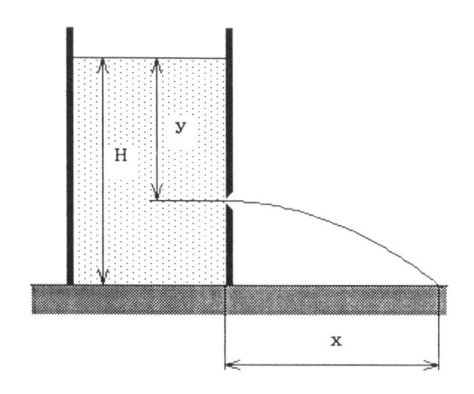

図 4.8 小孔からの流出

(3) 図 4.9 のように内径 30.0 mm のシリンダの中に水が入っており，端面に小孔があいている．ピストンを 30.0 N の力で押すとき，水の流出速度を求めよ．摩擦や損失は無視できるものとし，水の密度は 1000 kg/m³ とする．

(4) 図 4.10 のように水槽を仕切っている板に小孔があいている．左側の水位が 10.00 m，右側の水位が 5.00 m であるとき，小孔を通過する水の流速を求めよ．ただし，損失は無視する．

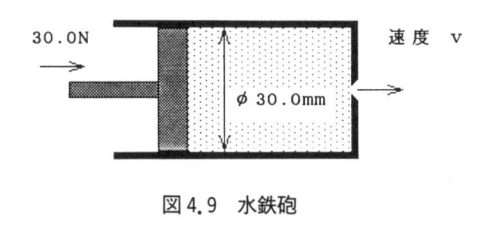

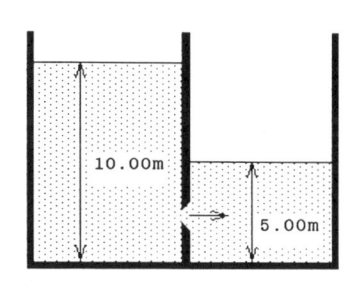

図 4.9 水鉄砲

図 4.10 水槽

（5） 図 4.11 のサイフォンを使って水を流出させている．管の内径が 100 mm のとき，流出流量を求めよ．ただし，損失ヘッドは，$v^2/2g$（v は管内平均流速）に等しいものとする．

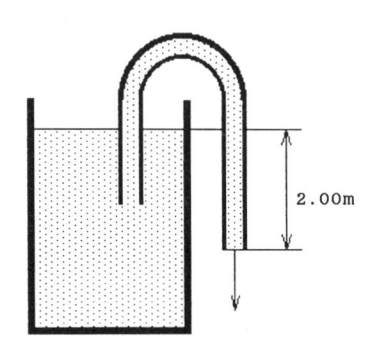

図 4.11　サイフォン

5. 流体運動の記述

　流体の運動は一つひとつの流体粒子の運動から成り立っているので，それぞれの粒子について運動方程式をたてればよいことになる．しかし，通常はこのような方法はとらず，固定された空間を通過する流体を観測するという方法を用いる．

　では流体の運動方程式はどのように記述されるのだろう．

　本章では，まず流体の速度，加速度，働く力の記述方法を学び，それらを使って運動方程式を導いてみる．

5.1 速度・加速度

流体運動を記述するための最も基本的な物理量に速度と加速度がある．それらを考える方法として，流体塊（または流体粒子）を追跡していく方法（ラグランジュの方法）と空間に固定された領域を通過する流体を観測する方法（オイラーの方法）がある．ここでは，それぞれの記述方法を学ぶ．

5.1.1 流体の速度

流体の運動をしらべるには二つの方法がある．

ひとつは特定の流体塊に着目し，その位置，速度，圧力などの変化を追跡する方法であり，**ラグランジュ (Lagrange) の方法**とよばれている．もうひとつは空間に固定された領域に着目し，その領域の速度や圧力を観測する方法であり，**オイラー (Euler) の方法**とよばれている．

ラグランジュの方法では，速度は次のように表現される．

$$\boldsymbol{v}(t\,;x_0,\ y_0,\ z_0,\ t_0) \tag{5.1}$$

速度は時刻 t の関数になるが，どの流体塊かを特定するために基準となる時刻 t_0 における位置 $(x_0,\ y_0,\ z_0)$ を指定する．質点の力学ではラグランジュの方法が用いられ，質点を追跡しながらその運動をしらべる．

一方，オイラーの方法では，次のように表現される．

$$\boldsymbol{v}(x,\ y,\ z,\ t) \tag{5.2}$$

速度は場所 $(x,\ y,\ z)$ と時刻 t の関数になる．

流体の場合，特定の流体塊を追跡し，その位置を確認するのは難しく，オイラーの方法を用いることがほとんどである．

5.1.2 流体の加速度

加速度は，その流体塊を追跡しながら速度の変化率を求めるものであり，ラグランジュの方法にもとづいている．ところが，流体力学ではオイラーの方法を用いることがほとんどであるので，流体の加速度をオイラーの方法で記述し

ておく必要がある．

図5.1において，時刻 t に点Aを通過した流体塊の加速度をオイラーの方法

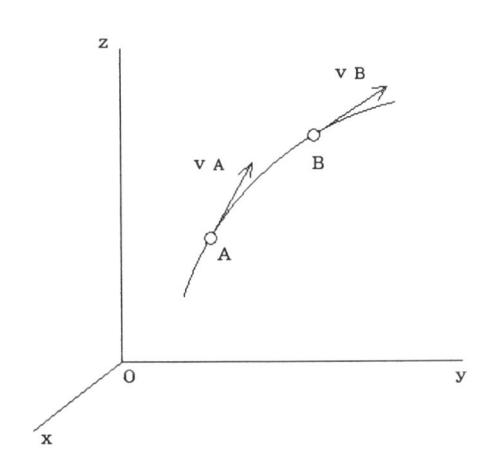

図5.1 流体塊の移動

で表現してみよう．点 A における速度を $v_A = v(x, y, z, t)$ とする．微小時間 dt 後，この流体塊が点 B を通過し，そのときの速度を $v_B = v(x+dx, y+dy, z+dz, t+dt)$ とする．ただし，dx, dy, dz は dt における移動量であり，各方向の速度成分 u, v, w を使って，$dx = u\,dt, dy = v\,dt, dz = w\,dt$ の関係にある．加速度 $\boldsymbol{\alpha}$ は，次のように求められる．

$$\begin{aligned}
\boldsymbol{\alpha} &= \lim_{dt \to 0} \frac{\boldsymbol{v}(x+dx, y+dy, z+dz, t+dt) - \boldsymbol{v}(x,y,z,t)}{dt} \\
&= \lim_{dt \to 0} \frac{1}{dt}\left(\frac{\partial \boldsymbol{v}}{\partial t}dt + \frac{\partial \boldsymbol{v}}{\partial x}dx + \frac{\partial \boldsymbol{v}}{\partial y}dy + \frac{\partial \boldsymbol{v}}{\partial z}dz\right) \\
&= \frac{\partial \boldsymbol{v}}{\partial t} + u\frac{\partial \boldsymbol{v}}{\partial x} + v\frac{\partial \boldsymbol{v}}{\partial y} + w\frac{\partial \boldsymbol{v}}{\partial z}
\end{aligned} \tag{5.3}$$

第1項は**局所加速度** (local acceleration) とよばれ，流れの非定常性による速度変化分である．第2～4項は**対流加速度** (convective acceleration) とよばれ，流体塊が移動したことによる速度変化分である．これらの和として流体の加速度が求められ，**実質加速度** (substantive acceleration) とよばれている．

実質加速度を簡単に次のように表すこともある．

$$\boldsymbol{\alpha} = \frac{D\boldsymbol{v}}{Dt} \tag{5.4}$$

ここで，

$$\frac{D}{Dt} = \frac{\partial}{\partial t} + u\frac{\partial}{\partial x} + v\frac{\partial}{\partial y} + w\frac{\partial}{\partial z} \tag{5.5}$$

D/Dt を**実質微分** (material derivative) といい，流体塊が保有する物理量の時間変化率を表している．

例題 5.1 円柱座標系 (r, θ, z) において，加速度 $\boldsymbol{\alpha} = (\alpha_r, \alpha_\theta, \alpha_z)$ を求めよ．ただし，速度を $\boldsymbol{v} = (V_r, V_\theta, V_z)$ とする．

解． r, θ, z の各方向の単位ベクトルを $\boldsymbol{e}_r, \boldsymbol{e}_\theta, \boldsymbol{e}_z$ とすれば，$\boldsymbol{v} = V_r \boldsymbol{e}_r + V_\theta \boldsymbol{e}_\theta + V_z \boldsymbol{e}_z$ である．微小時間 dt 後の速度を $\boldsymbol{v} + \Delta \boldsymbol{v}$ とすれば，$\Delta \boldsymbol{v} = \Delta V_r \boldsymbol{e}_r + \Delta V_\theta \boldsymbol{e}_\theta + \Delta V_z \boldsymbol{e}_z + V_r \Delta \boldsymbol{e}_r + V_\theta \Delta \boldsymbol{e}_\theta + V_z \Delta \boldsymbol{e}_z$ となる．

ここで，

$$\Delta V_i = \frac{\partial V_i}{\partial t} dt + \frac{\partial V_i}{\partial r} dr + \frac{\partial V_i}{\partial \theta} d\theta + \frac{\partial V_i}{\partial z} dz$$

$$= \left(\frac{\partial V_i}{\partial t} + V_r \frac{\partial V_i}{\partial r} + \frac{V_\theta}{r} \frac{\partial V_i}{\partial \theta} + V_z \frac{\partial V_i}{\partial z} \right) dt$$

である $(i = r, \theta, z)$．単位ベクトルは角速度 V_θ/r で方向が変化するので，$\Delta \boldsymbol{e}_r = (V_\theta/r) \boldsymbol{e}_\theta \, dt, \; \Delta \boldsymbol{e}_\theta = -(V_\theta/r) \boldsymbol{e}_r \, dt, \; \Delta \boldsymbol{e}_z = 0$ となる．以上から，

$$\boldsymbol{\alpha} = \left(\frac{\partial V_r}{\partial t} + (\boldsymbol{v} \cdot \nabla) V_r - \frac{V_\theta^2}{r}, \; \frac{\partial V_\theta}{\partial t} + (\boldsymbol{v} \cdot \nabla) V_\theta + \frac{V_r V_\theta}{r}, \; \frac{\partial V_z}{\partial t} + (\boldsymbol{v} \cdot \nabla) V_z \right)$$

ここで，

$$\boldsymbol{v} \cdot \nabla = V_r \frac{\partial}{\partial r} + \frac{V_\theta}{r} \frac{\partial}{\partial \theta} + V_z \frac{\partial}{\partial z}$$

5.2 連続の式

4.1で述べたとおり，**連続の式**とは質量保存則を表すものである．ここでは，一般的な三次元流れの場合について連続の式を導いてみる．

5.2 連続の式

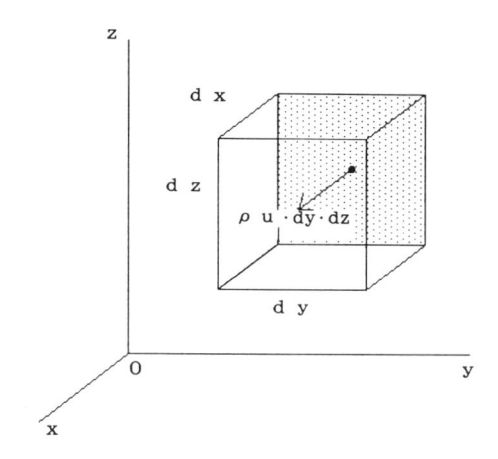

図5.2 流れの中の流体要素

　流れの中に図5.2のような微小な流体要素を設定し，この中の質量の時間変化を考える．流体の密度を ρ とすれば，x 面（x 軸と垂直な面）から流入する体積流量は $u\,dy\,dz$ であるので，質量流量は $\rho u\,dy\,dz$ となる．微小距離 dx だけ隔たった $x+dx$ での質量流量はテイラー展開から，$-\{\rho u+(\partial \rho u/\partial x)dx\}dy\,dz$ となる．これより，x 軸と垂直な面から流入する質量流量は次式となる．

$$-(\partial \rho u/\partial x)dx\,dy\,dz \tag{5.6}$$

同様に y 面から流入する質量流量は

$$-(\partial \rho v/\partial y)dx\,dy\,dz \tag{5.7}$$

z 面からは

$$-(\partial \rho w/\partial z)dx\,dy\,dz \tag{5.8}$$

　以上の質量流量の合計は，内部の質量の増加に等しくなる．内部の質量は，$\rho\,dx\,dy\,dz$ であり，その時間変化率は次式となる．

$$(\partial \rho/\partial t)dx\,dy\,dz \tag{5.9}$$

式（5.6）〜（5.8）の合計が，式（5.9）に等しいことから次式が得られる．

$$\frac{\partial \rho}{\partial t}+\frac{\partial(\rho u)}{\partial x}+\frac{\partial(\rho v)}{\partial y}+\frac{\partial(\rho w)}{\partial z}=0 \tag{5.10}$$

質量保存則から導かれた式（5.10）を**連続の式**（equation of continuity）とい

う．これは，密度の変化も考慮に入れており，圧縮性流体にも適用できる式である．

非圧縮性流体の場合には，密度 ρ が一定であり，連続の式は次のようになる．

$$\frac{\partial u}{\partial x}+\frac{\partial v}{\partial y}+\frac{\partial w}{\partial z}=0 \tag{5.11}$$

あるいは，発散 div* を用いれば次の表現となる．

$$\text{div}\, \boldsymbol{v}=0 \tag{5.11'}$$

円柱座標系 (r, θ, z) では，圧縮性流体の連続の式 (5.10) は次式となる．

$$\frac{\partial \rho}{\partial t}+\frac{1}{r}\frac{\partial(\rho V_r r)}{\partial r}+\frac{1}{r}\frac{\partial(\rho V_\theta)}{\partial \theta}+\frac{\partial(\rho V_z)}{\partial z}=0 \tag{5.12}$$

ただし，速度を $\boldsymbol{v}=(V_r, V_\theta, V_z)$ とした．

非圧縮性流体の連続の式 (5.11) は次式となる．

$$\frac{\partial V_r}{\partial r}+\frac{V_r}{r}+\frac{1}{r}\frac{\partial V_\theta}{\partial \theta}+\frac{\partial V_z}{\partial z}=0 \tag{5.13}$$

例題 5.2 円柱座標系 (r, θ, z) における式 (5.12) を導け．

解． 図 5.3 の微小要素の質量変化を考える．r 方向の質量流量は（流入を正として）

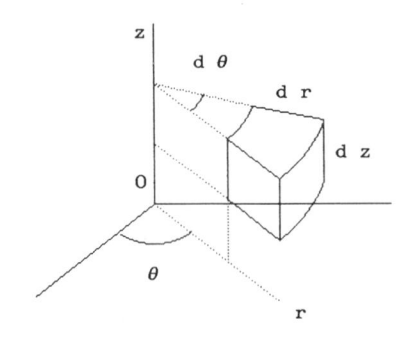

図 5.3 円柱座標系における微小要素

---

* ベクトル $\boldsymbol{A}=(A_x, A_y, A_z)$ の発散は，$\text{div}\,\boldsymbol{A}=\dfrac{\partial A_x}{\partial x}+\dfrac{\partial A_y}{\partial y}+\dfrac{\partial A_z}{\partial z}$．

$$-\frac{\partial(\rho V_r r)}{\partial r}dr\,d\theta\,dz$$

θ 方向の質量流量は $\quad -\dfrac{\partial(\rho V_\theta)}{\partial \theta}dr\,d\theta\,dz$

z 方向の質量流量は $\quad -\dfrac{\partial(\rho V_z)}{\partial z}r\,dr\,d\theta\,dz$

これらの総和が，質量 $\rho\,dr\,r\,d\theta\,dz$ の時間変化率に等しいことから

$$\frac{\partial \rho}{\partial t}+\frac{1}{r}\frac{\partial(\rho V_r r)}{\partial r}+\frac{1}{r}\frac{\partial(\rho V_\theta)}{\partial \theta}+\frac{\partial(\rho V_z)}{\partial z}=0$$

5.3 流体に働く力

流体の運動を解析するためには，流体に働く力を知る必要がある．力には，重力のように流体要素に直接働く力（質量力）と，となりあう流体要素から面を通じて働く力（面積力）とがある．

5.3.1 質量力

流体に働く力のうち，質量や物質そのものに直接働く力を**質量力**（body force）という．たとえば，重力，電気力，ローレンツ力などがその例である．慣性力も見かけの質量力と考えられる．

単位質量あたりに働く質量力を $\boldsymbol{f}=(X,\ Y,\ Z)$ とすると，図5.4の微小な直

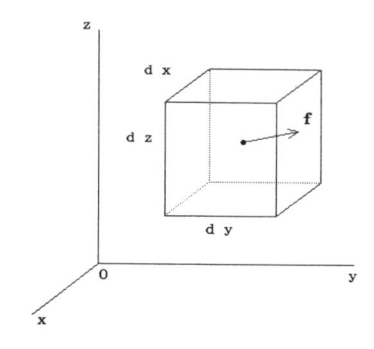

図5.4 質量力

方体に働く力は，$\rho \boldsymbol{f}\, dx\, dy\, dz$ となる．

電磁流体や磁性流体などの特殊な場合を除けば，質量力としては重力だけを考慮すればよい．このときz軸を鉛直上方にとると，重力による単位質量あたりの力は，$\boldsymbol{f}=(0,\ 0,\ -g)$ となる．

5.3.2 面積力

流体に働く力のうち，となりあう流体要素から面を通じて働く力を**面積力** (surface force) または表面力という．

いま，図5.5の微小な直方体に働く面積力について考える．単位面積あたり

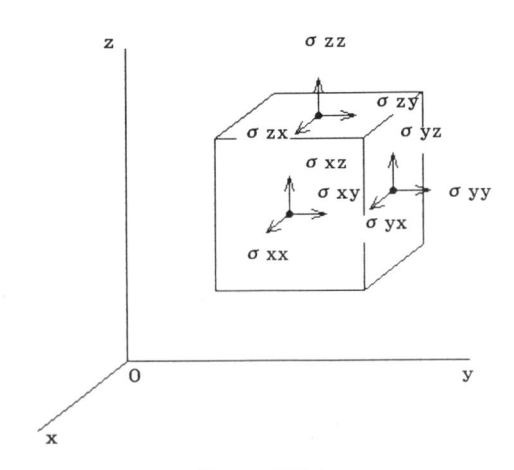

図5.5 面積力

の面積力を**応力** (stress) という．x面（x軸に垂直な面）に働く応力は，σ_{xx}（x方向の応力）と σ_{xy}（y方向の応力）と σ_{xz}（z方向の応力）という三つの方向の成分に分解できる．同様に，y面には σ_{yx}，σ_{yy} および σ_{yz}，z面には σ_{zx}，σ_{zy} および σ_{zz} という応力が働く．このように応力は9個の成分をもつことがわかる．第1の添字は働いている面の方向を，第2の添字は力の方向をそれぞれ表している．

応力の9成分を次のようにまとめたものを**応力テンソル** (stress tensor) という．

$$\sigma = \begin{bmatrix} \sigma_{xx} & \sigma_{xy} & \sigma_{xz} \\ \sigma_{yx} & \sigma_{yy} & \sigma_{yz} \\ \sigma_{zx} & \sigma_{zy} & \sigma_{zz} \end{bmatrix} \tag{5.14}$$

σ_{xx}, σ_{yy}, σ_{zz} はそれぞれの面に垂直に働き, **垂直応力** (normal stress) とよばれている. 流体が流れている場合, 一般的には σ_{xx}, σ_{yy}, σ_{zz} はそれぞれ異なった値となり, それらの平均値から次のように圧力 p が定義される.

$$p = -(\sigma_{xx} + \sigma_{yy} + \sigma_{zz})/3 \tag{5.15}$$

その他の応力は面に平行に働き, **せん断応力** (shearing stress) である. モーメントのつりあいから, せん断応力には次の関係が成り立つ.

$$\sigma_{xy} = \sigma_{yx}, \quad \sigma_{yz} = \sigma_{zy}, \quad \sigma_{zx} = \sigma_{xz} \tag{5.16}$$

流体に働く面積力は, 圧力と粘性力である. 粘性力とひずみ速度は次項で説明する粘性法則によって関係づけられる.

5.3.3 粘性法則

1.3.2 で述べたとおり, ニュートン流体ではニュートンの粘性法則が成り立ち, せん断応力が速度こう配に比例する. ここでは, 三次元流れの場合についてニュートンの粘性法則を考えてみる.

ニュートン流体では, 応力とひずみ速度に関連して以下の仮定が成り立つ.
（ⅰ）静止している流体では粘性による応力は働かない.
（ⅱ）粘性による応力はひずみ速度と一次式で結ばれる.
（ⅲ）特別な方向性はない（等方性）.
これらの仮定にもとづくと, せん断応力とひずみ速度の関係は次のようになる.

$$\begin{aligned} \sigma_{xy} &= \sigma_{yx} = \mu(\partial v/\partial x + \partial u/\partial y) \\ \sigma_{yz} &= \sigma_{zy} = \mu(\partial w/\partial y + \partial v/\partial z) \\ \sigma_{zx} &= \sigma_{xz} = \mu(\partial u/\partial z + \partial w/\partial x) \end{aligned} \tag{5.17}$$

ここで, μ は流体の粘度である. 垂直応力は次のようになる.

$$\begin{aligned} \sigma_{xx} &= -p + 2\mu(\partial u/\partial x) + \lambda \operatorname{div} \boldsymbol{v} \\ \sigma_{yy} &= -p + 2\mu(\partial v/\partial y) + \lambda \operatorname{div} \boldsymbol{v} \\ \sigma_{zz} &= -p + 2\mu(\partial w/\partial z) + \lambda \operatorname{div} \boldsymbol{v} \end{aligned} \tag{5.18}$$

68　5. 流体運動の記述

ここで，λ は物質の種類とその状態によって定まる定数であるが，通常 $\lambda = -2\mu/3$ という仮定が成り立つ．流体が非圧縮性ニュートン流体の場合には発散 div $v = 0$ であるので，式 (5.18) は次式となる．

$$\sigma_{xx} = -p + 2\mu(\partial u/\partial x)$$
$$\sigma_{yy} = -p + 2\mu(\partial v/\partial y) \tag{5.19}$$
$$\sigma_{zz} = -p + 2\mu(\partial w/\partial z)$$

以上，非圧縮性ニュートン流体では式 (5.17) と式 (5.19) によって応力とひずみ速度が関係づけられ，これらの式を**構成方程式** (constitutive equation) という．

5.4　運動方程式

これまでに流体の加速度と流体に働く力について述べてきた．これらを使って流体の運動方程式を導くことにする．

5.4.1　非圧縮性粘性流体の運動方程式（ナビエ-ストークスの式）

流体はニュートンの粘性法則が適用できるものとする．図5.6に示す微小な

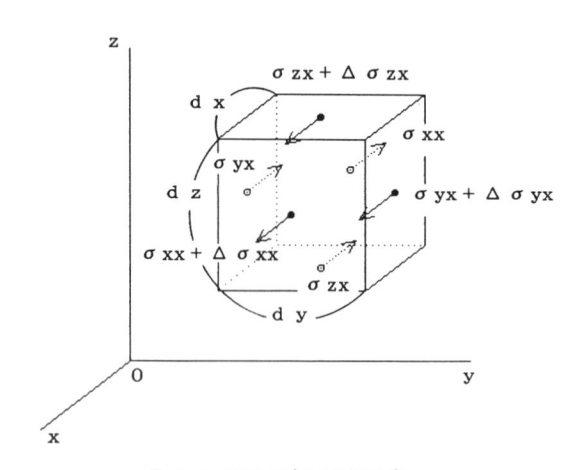

図5.6　流れの中の流体要素

直方体要素について運動方程式をたてる．

まず，直方体に働く x 方向の面積力を考える．x 面に働く x 方向の応力は，x の位置で $-\sigma_{xx}$，$x+dx$ の位置で $\sigma_{xx}+(\partial\sigma_{xx}/\partial x)dx$ であるので，これらによる力は

$$\{-\sigma_{xx}+\sigma_{xx}+(\partial\sigma_{xx}/\partial x)dx\}\,dy\,dz$$
$$=(\partial\sigma_{xx}/\partial x)dx\,dy\,dz \tag{5.20}$$

同様に，y 面に働く x 方向の力は

$$(\partial\sigma_{yx}/\partial y)dx\,dy\,dz \tag{5.21}$$

z 面に働く x 方向の力は

$$(\partial\sigma_{zx}/\partial z)dx\,dy\,dz \tag{5.22}$$

以上を合計すると x 方向の面積力となる．合計を質量 $\rho\,dx\,dy\,dz$ で割ると，単位質量あたりの x 方向力として次式が得られる．

$$(\partial\sigma_{xx}/\partial x+\partial\sigma_{yx}/\partial y+\partial\sigma_{zx}/\partial z)/\rho \tag{5.23}$$

これに構成方程式 (5.17)，(5.19) を代入し，整理すると次式となる．

$$-\frac{1}{\rho}\frac{\partial p}{\partial x}+\nu\nabla^2 u \tag{5.24}$$

ここで，ν は流体の動粘度 $(=\mu/\rho)$，

$$\nabla^2=\partial^2/\partial x^2+\partial^2/\partial y^2+\partial^2/\partial z^2 \tag{5.25}$$

である．

流体の x 方向の加速度は，式 (5.4) の x 成分である．さらに，単位質量あたりの質量力の x 方向成分を X とすれば，x 方向の運動方程式は次式となる．

$$\frac{Du}{Dt}=X-\frac{1}{\rho}\frac{\partial p}{\partial x}+\nu\nabla^2 u \tag{5.26}$$

同様に，y 方向，z 方向の単位質量あたりの質量力をそれぞれ Y，Z とすれば，

$$\frac{Dv}{Dt}=Y-\frac{1}{\rho}\frac{\partial p}{\partial y}+\nu\nabla^2 v \tag{5.27}$$

$$\frac{Dw}{Dt}=Z-\frac{1}{\rho}\frac{\partial p}{\partial z}+\nu\nabla^2 w \tag{5.28}$$

以上により，非圧縮性粘性流体の運動方程式が求められた．式 (5.26)～(5.28) を**ナビエ-ストークスの式** (Navier-Stokes' equation) という．

ナビエ-ストークスの式を次のようにベクトル表示することもできる．

70 5. 流体運動の記述

$$\frac{D\boldsymbol{v}}{Dt} = \boldsymbol{f} - \frac{1}{\rho}\nabla p + \nu\nabla^2 \boldsymbol{v} \tag{5.29}$$

ここで, $\nabla = (\partial/\partial x, \partial/\partial y, \partial/\partial z)$
$\nabla^2 = \partial^2/\partial x^2 + \partial^2/\partial y^2 + \partial^2/\partial z^2$
$\boldsymbol{f} = (X, Y, Z)$ である.

非圧縮性粘性流体の流れを解析する場合には,ナビエ-ストークスの式(5.26)～(5.28)と連続の式 (5.11) が基礎式となる.これらの方程式は速度 u, v, w, および圧力 p を未知数とする方程式である.

境界条件としては,静止した物体表面上では $u=v=w=0$,物体から十分離れた場所では速度一定または速度こう配が 0 という条件などが適用される.

ナビエ-ストークスの式 (5.26)～(5.28) を円柱座標系で表現すると次式となる.

$$\frac{\partial V_r}{\partial t} + (\boldsymbol{v}\cdot\nabla)V_r - \frac{V_\theta^2}{r} = f_r - \frac{1}{\rho}\frac{\partial p}{\partial r} + \nu\left(\nabla^2 V_r - \frac{V_r}{r^2} - \frac{2}{r^2}\frac{\partial V_\theta}{\partial \theta}\right)$$

$$\frac{\partial V_\theta}{\partial t} + (\boldsymbol{v}\cdot\nabla)V_\theta + \frac{V_r V_\theta}{r} = f_\theta - \frac{1}{\rho r}\frac{\partial p}{\partial \theta} + \nu\left(\nabla^2 V_\theta - \frac{V_\theta}{r^2} + \frac{2}{r^2}\frac{\partial V_r}{\partial \theta}\right) \tag{5.30}$$

$$\frac{\partial V_z}{\partial t} + (\boldsymbol{v}\cdot\nabla)V_z = f_z - \frac{1}{\rho}\frac{\partial p}{\partial z} + \nu\nabla^2 V_z$$

ここで,

$$\boldsymbol{v}\cdot\nabla = V_r\frac{\partial}{\partial r} + \frac{V_\theta}{r}\frac{\partial}{\partial \theta} + V_z\frac{\partial}{\partial z}$$

$$\nabla^2 = \frac{\partial^2}{\partial r^2} + \frac{1}{r}\frac{\partial}{\partial r} + \frac{1}{r^2}\frac{\partial^2}{\partial \theta^2} + \frac{\partial^2}{\partial z^2}$$

単位質量あたりの質量力は $\boldsymbol{f} = (f_r, f_\theta, f_z)$ とした.

例題 5.3 非圧縮性粘性流体の中で半径 R の円柱が一定角速度 ω で回転している(図5.7).まわりの流れの旋回速度 V_θ の分布を求めよ.

解. 円柱座標系を用いる. $V_r = V_z = 0$, $V_\theta = V_\theta(r)$ である. θ 方向のナビエ-ストークスの式をたてると,式 (5.30) の第2式から

$$\frac{d^2 V_\theta}{dr^2} + \frac{1}{r}\frac{dV_\theta}{dr} - \frac{V_\theta}{r^2} = 0$$

これを変形し

$$(左辺) = \frac{d}{dr}\left(\frac{dV_\theta}{dr} + \frac{V_\theta}{r}\right) = \frac{d}{dr}\left\{\frac{1}{r}\frac{d}{dr}(V_\theta r)\right\} = 0$$

一般解は，c_1 と c_2 を定数として，$V_\theta = c_1 r + c_2/r$ となる．
$r = R$ のときに $V_\theta = R\omega$，無限遠 ($r \to \infty$) で $V_\theta = 0$ を境界条件として適用すると，$V_\theta = R^2\omega/r$ となる．

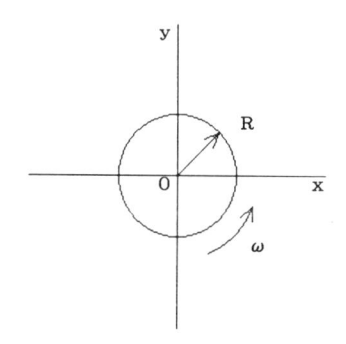

図 5.7　回転する円柱

5.4.2　理想流体の運動方程式（オイラーの式）

理想流体は非圧縮性，非粘性である．したがって，式 (5.26)～(5.28) において動粘度 $\nu = 0$（すなわち粘度 $\mu = 0$）とすればよい．

$$\frac{Du}{Dt} = X - \frac{1}{\rho}\frac{\partial p}{\partial x}$$

$$\frac{Dv}{Dt} = Y - \frac{1}{\rho}\frac{\partial p}{\partial y} \quad (5.31)$$

$$\frac{Dw}{Dt} = Z - \frac{1}{\rho}\frac{\partial p}{\partial z}$$

式 (5.31) は理想流体の運動方程式であり，**オイラーの式**（Euler's equation）とよばれている．

オイラーの式 (5.31) と連続の式 (5.11) が，理想流体を解析するときの基礎式となる．理想流体は非粘性であるため，物体表面上でも流体は表面に沿って流れることになる．このとき，境界条件は物体壁に垂直な速度成分を 0 とする．

演習問題　5

(1) 円柱座標系において，スカラ $f = f(r, \theta, z, t)$ の実質微分を求めよ．

(2) 非圧縮性流体の二次元流れで，x 方向速度が $u = Ay/(x^2 + y^2)$ のとき，y 方向速度 v を求めよ．ただし，$y = 0$ のとき，$v = -A/x$ とする．

(3) 非圧縮性流体の二次元流れで，原点から流体がわき出しているとき，半径方向速度 V_r を求めよ．ただし，$r = R$ のとき，$V_r = U$ とする．

(4) 間隔 H の平行平板間を，平板に平行な方向に非圧縮性ニュートン流体が層流状態で流れている．最大速度を $u_{\max}$ として，速度分布を求めよ．流れの方向を x 軸，平板に垂直な方向を y 軸とする．

(5) 図5.8の二重円筒があり，半径 R_1 の内円筒が角速度 ω で回転し，半径 R_2 の外円筒が固定されている．二重円筒の間に非圧縮性ニュートン流体が満たされているとき，速度分布を求めよ．

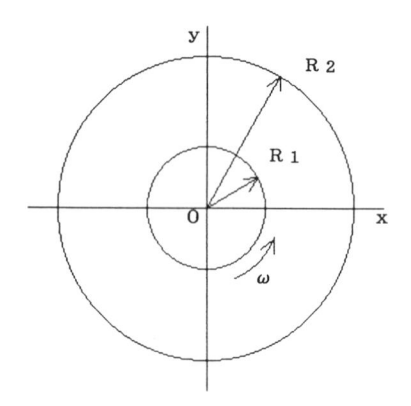

図5.8　二重円筒間の流れ

6. 理想流体の流れ

　航空機は翼に働く揚力によって浮上し，空中を飛行できる．では，翼はなぜ揚力を発生できるのだろう．

　本章では理想流体の流れについて学ぶ．とくにうずなし流れ（うず度がゼロ）の場合，ポテンシャル流れとよばれ，数学的な取り扱いが容易になる．ポテンシャル流れの解析によって翼性能の予測などが可能であり，現在の流体力学の発展へ大きく貢献している．

6.1 理想流体の基礎式

1.3.4 で説明したとおり，**理想流体** (ideal fluid) とは非粘性，非圧縮性の流体である．粘性がないためエネルギー損失や抵抗力が存在しないという点が実在流体と矛盾するが，境界層外の主流の解析などに広く用いられ，工学的に重要である．

理想流体を支配する方程式は，5.4.2 で説明したオイラーの式 (5.31) と，非圧縮性流体の連続の式 (5.11) である．再録すると

$$\frac{Du}{Dt} = X - \frac{1}{\rho}\frac{\partial p}{\partial x} \tag{6.1a}$$

$$\frac{Dv}{Dt} = Y - \frac{1}{\rho}\frac{\partial p}{\partial y} \tag{6.1b}$$

$$\frac{Dw}{Dt} = Z - \frac{1}{\rho}\frac{\partial p}{\partial z} \tag{6.1c}$$

$$\frac{\partial u}{\partial x} + \frac{\partial v}{\partial y} + \frac{\partial w}{\partial z} = 0 \tag{6.1d}$$

これらの方程式に与えられた境界条件を適用して解けば，理想流体の流れが求まることになる．しかし，一般にその解析は容易とはいえない．

6.2 ポテンシャル流れ

理想流体は非粘性であるためせん断応力は働かず，うず度は一定に保たれるという性質がある．上流でうず度がゼロであるような流れは多く，その場合，理想流体の流れは流れ場全域で**うずなし流れ** (irrotational flow，うず度がゼロの流れ) となる．このような理想流体のうずなし流れを**ポテンシャル流れ** (potential flow) といい，数学的な取り扱いが格段に容易となる．

6.2.1 ポテンシャル流れの基礎式

ポテンシャル流れの支配方程式の一つはうずなしの条件式であり，うず度の定義式 (2.13)～(2.15) から次式となる．

$$\frac{\partial v}{\partial x}-\frac{\partial u}{\partial y}=0, \quad \frac{\partial w}{\partial y}-\frac{\partial v}{\partial z}=0, \quad \frac{\partial u}{\partial z}-\frac{\partial w}{\partial x}=0 \tag{6.2}$$

これをベクトル表示すると次式となる．

$$\text{rot } \boldsymbol{v}=\boldsymbol{0} \qquad (うずなしの条件) \tag{6.2'}$$

ここで，rot はベクトルの回転(rotation)*，$\boldsymbol{v}$ は速度ベクトル (u, v, w) である．

もう一つの支配方程式は連続の式 (6.1 d) である．ベクトル表示は次式となる．

$$\text{div } \boldsymbol{v}=0 \qquad (連続の条件) \tag{6.3}$$

これらの二つの条件を満足する流れがポテンシャル流れとなる．しかし，ポテンシャル流れの解析では式 (6.2) と式 (6.1 d) を直接解くのではなく，以下に述べる速度ポテンシャル，流れ関数および複素ポテンシャルなどを用いて解くことが多い．

6.2.2 速度ポテンシャル

次の関係式を満足する関数 $\phi(x, y, z, t)$ を**速度ポテンシャル** (velocity potential) という．

$$u=\frac{\partial \phi}{\partial x}, \quad v=\frac{\partial \phi}{\partial y}, \quad w=\frac{\partial \phi}{\partial z} \tag{6.4}$$

ここで，u, v, w はそれぞれ x, y, z 方向の速度成分である．これをベクトル表示すると

$$\boldsymbol{v}=\text{grad } \phi \tag{6.4'}$$

ここで，grad はこう配 (gradient)** である．

式 (6.4) をうずなしの条件式 (6.2) に代入すると

---

* ベクトル $\boldsymbol{A}$ に対して，rot $\boldsymbol{A}=\nabla \times \boldsymbol{A}=\left(\frac{\partial A_z}{\partial y}-\frac{\partial A_y}{\partial z}, \frac{\partial A_x}{\partial z}-\frac{\partial A_z}{\partial x}, \frac{\partial A_y}{\partial x}-\frac{\partial A_x}{\partial y}\right)$.

** スカラ f に対して，grad $f=\nabla f=\left(\frac{\partial f}{\partial x}, \frac{\partial f}{\partial y}, \frac{\partial f}{\partial z}\right)$.

76　6. 理想流体の流れ

$$\frac{\partial^2 \phi}{\partial x \partial y} - \frac{\partial^2 \phi}{\partial y \partial x} = 0, \quad \frac{\partial^2 \phi}{\partial y \partial z} - \frac{\partial^2 \phi}{\partial z \partial y} = 0, \quad \frac{\partial^2 \phi}{\partial z \partial x} - \frac{\partial^2 \phi}{\partial x \partial z} = 0 \quad (6.5)$$

となり，自動的に条件は満足されていることがわかる．

一方，式 (6.4) を連続の条件式 (6.1 d) に代入すると

$$\frac{\partial^2 \phi}{\partial x^2} + \frac{\partial^2 \phi}{\partial y^2} + \frac{\partial^2 \phi}{\partial z^2} = 0 \quad (6.6)$$

ベクトル表示すると

$$\nabla^2 \phi = 0 \quad (6.6')$$

ここで，$\nabla^2 = \partial^2/\partial x^2 + \partial^2/\partial y^2 + \partial^2/\partial z^2$ であり，式 (6.6) を ϕ に関するラプラス (Laplace) の式という．

以上から，速度ポテンシャル ϕ を未知数として解析するときは式 (6.6) を用いればよいことがわかる．図6.1は円柱まわりのポテンシャル流れを例として，

(a) 流　線　　　　　　　　(b) 速度ポテンシャル

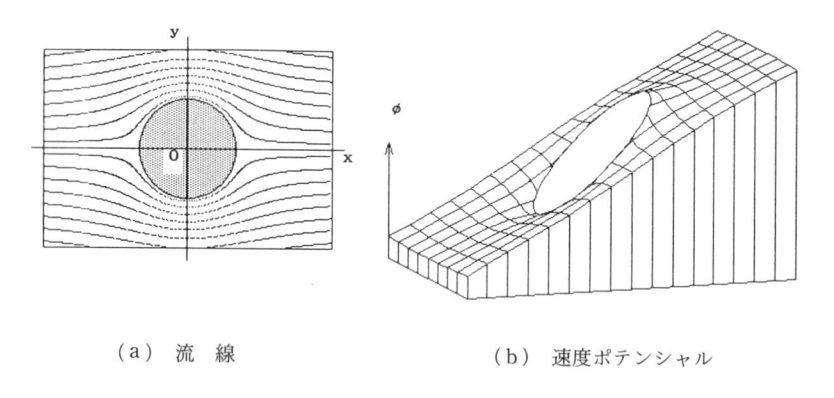

図6.1　円柱まわりの流れ

速度ポテンシャル $\phi(x, y)$ を立体的に表示したものである．流れは，それぞれの場所における斜面のこう配に比例した速度でポテンシャルの低い方から高い方へと流れる．

6.2.3　流れ関数

ここでは，二次元のポテンシャル流れを対象とする．

次の関係式を満足する関数 $\psi(x, y, t)$ を**流れ関数** (stream function) という．

$$u = \frac{\partial \psi}{\partial y}, \quad v = -\frac{\partial \psi}{\partial x} \tag{6.7}$$

式 (6.7) を連続の条件式 (6.1 d) に代入すると

$$\frac{\partial^2 \psi}{\partial x \partial y} - \frac{\partial^2 \psi}{\partial y \partial x} = 0 \tag{6.8}$$

となり，自動的に条件は満足されていることがわかる．

一方，式 (6.7) をうずなしの条件式 (6.2) に代入すると（xy 平面内の成分だけを考えると）

$$\frac{\partial^2 \psi}{\partial x^2} + \frac{\partial^2 \psi}{\partial y^2} = 0 \tag{6.9}$$

ベクトル表示すると

$$\nabla^2 \psi = 0 \tag{6.9′}$$

となり，ψ に関するラプラス (Laplace) の式になる．以上から，流れ関数 ψ を未知数として解析するときは式 (6.9) を解けばよいことがわかる．

ここで，流れ関数の性質を考えてみる．流線を表す式 (2.3) は

$$\frac{dx}{u} = \frac{dy}{v} \tag{6.10}$$

これを変形すると

$$-v\,dx + u\,dy = 0 \tag{6.10′}$$

さらに式 (6.7) を代入すると次式となる．

$$\frac{\partial \psi}{\partial x} dx + \frac{\partial \psi}{\partial y} dy = 0 \tag{6.11}$$

左辺は全微分 $d\psi$ であり，これから流線の条件は $\psi =$ const. であることがわかる．つまり，流れ関数が一定となる線が流線となる．

次に流れ関数と流量の関係を調べてみる．図 6.2 の二つの流線の間の流量 Q は線分 AB 上で次のように求められる．ただし，Q は単位厚さ（z 方向厚さ 1）あたりの流量とする．

$$Q = \int_A^B u\,dy \tag{6.12}$$

これに式 (6.7) を代入すると

$$Q = \int_A^B \frac{\partial \psi}{\partial y} dy = \int_A^B d\psi = \psi_B - \psi_A \tag{6.13}$$

78　6. 理想流体の流れ

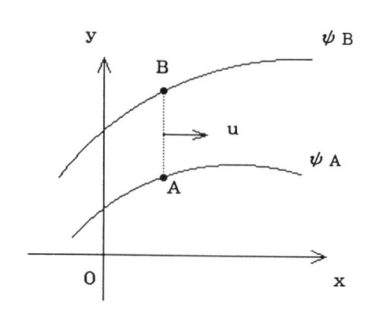

図6.2　二つの流線

したがって，二つの流線間の流量は両者の流れ関数の差に等しいことがわかる．

図6.3は円柱まわりのポテンシャル流れを例として，流れ関数 $\psi(x, y)$ を立体的に表示したものである．流れ関数一定の線が流線であるので，流体はこの等高線に沿って流れる．

このように流れ関数はいくつかの利点をもっているが，通常は二次元非圧縮流れ（粘性，非粘性は問わない）の場合という制約がある．

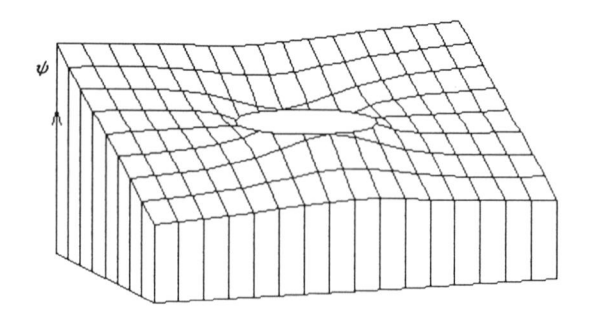

図6.3　円柱まわりの流れの流れ関数

6.2.4　複素ポテンシャル

二次元のポテンシャル流れに限られるが，次のように**複素ポテンシャル**(complex potential) W を定義する．

$$W = \phi + i\psi \tag{6.14}$$

ここで，ϕ は速度ポテンシャル，ψ は流れ関数，i は虚数単位（$\sqrt{-1}$）である．複素ポテンシャル W は次のコーシー–リーマン（Cauchy-Riemann）の式を満足し，正則な関数*となる．

$$\frac{\partial \phi}{\partial x}=\frac{\partial \psi}{\partial y}=u, \qquad \frac{\partial \phi}{\partial y}=-\frac{\partial \psi}{\partial x}=v \tag{6.15}$$

複素ポテンシャル W は微分可能であり，複素座標を $z=x+iy$ と定義すれば，z の関数として表すことができる．$W(z)$ は正則関数となるので，微分する方向によって微分係数は変化しない．したがって，z で微分するときにたとえば x 方向に偏微分しても結果は同じになり，

$$\frac{dW}{dz}=\frac{\partial W}{\partial x}=\frac{\partial \phi}{\partial x}+i\frac{\partial \psi}{\partial x}=u-iv \tag{6.16}$$

このように $W(z)$ から速度が求まり，$u-iv$ を **共役複素速度** という．一つの複素ポテンシャル $W(z)$ が一つの流れを表し，与えられた境界条件を満足する $W(z)$ が求まれば，流れが求まったことになる．

ポテンシャル流れは支配方程式（式 (6.6) または式 (6.9)）が線形であるので，解の重ね合わせが可能である．つまり，ある二つの複素ポテンシャル $W_1(z)$ と $W_2(z)$ があるときに，任意の定数 a と b に対して $aW_1(z)+bW_2(z)$ も別のポテンシャル流れを表すことになる．このことはポテンシャル流れの重要な性質の一つであり，6.3(5) でさらに詳述することにする．

例題 6.1 速度ポテンシャルが $\phi=Ax+By$（A，B は定数）で表される流れについて流れ関数 ψ を x と y の関数として求めよ．また，複素ポテンシャル W を $z(=x+iy)$ の関数として求めよ．ただし，$z=0$ のとき $W=0$ とする．

---

* 複素関数 $f(z)$ の実数部を $A(x, y)$，虚数部を $B(x, y)$ とするとき，

$$\frac{\partial A}{\partial x}=\frac{\partial B}{\partial y}, \qquad \frac{\partial A}{\partial y}=-\frac{\partial B}{\partial x}$$

をコーシー–リーマンの式といい，この条件を満足する関数 $f(z)$ を正則関数という．ある領域内で正則な関数は，その領域内で微分可能となる．詳細は関数論の教科書などを参照してほしい．

解. コーシー–リーマンの式から

$$\frac{\partial \phi}{\partial x} = A = \frac{\partial \psi}{\partial y}, \quad \frac{\partial \phi}{\partial y} = B = -\frac{\partial \psi}{\partial x}$$

これらを積分すると

$$\psi = Ay + f(x) \quad および \quad \psi = -Bx + g(y)$$

ここで，$f(x)$ は任意の x の関数，$g(y)$ は任意の y の関数である．$z=0$ のとき $W=0 \ (\psi=0)$ の条件を適用すれば，$\psi = -Bx + Ay$．したがって，

$$W = A(x+iy) + B(y-ix) = (A-iB)z.$$

6.3 二次元ポテンシャル流れの例

代表的な二次元ポテンシャル流れについて例をあげて説明してみよう．

(1) 一様流

図 6.4 に示す x 軸と角度 α をなす流速 U の一様流は，次の複素ポテンシャルで表すことができる．

$$W = Ue^{-i\alpha}z \tag{6.17}$$

これが一様流を表すことを確かめてみよう．式 (6.17) を z で微分すると共役

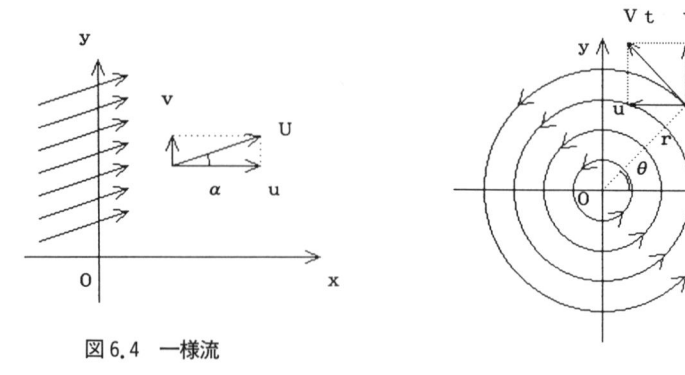

図 6.4 一様流

図 6.5 うず

複素速度が求まる．

$$\frac{dW}{dz} = u - iv = Ue^{-i\alpha} = U(\cos\alpha - i\sin\alpha) \tag{6.18}$$

したがって

$$u = U\cos\alpha, \quad v = U\sin\alpha \tag{6.19}$$

となり，図6.4の一様流を表す．

(2) うず

図6.5に示す自由うずの複素ポテンシャルは次式となる．

$$W = -\frac{i\Gamma}{2\pi}\log z \tag{6.20}$$

zで微分すると

$$\frac{dW}{dz} = u - iv = -\frac{i\Gamma}{2\pi z} \tag{6.21}$$

これを実数部と虚数部とに分け，各速度成分が次のように求まる．

$$u = -\frac{\Gamma}{2\pi r}\sin\theta, \quad v = \frac{\Gamma}{2\pi r}\cos\theta \tag{6.22}$$

ここで，絶対流速をV_tとおくと

$$V_t = \frac{\Gamma}{2\pi r} \tag{6.23}$$

V_tは半径rに反比例し，θ方向と直交するので自由うずであることがわかる．Γはうずの強さを表し，循環とよばれている．自由うずはうず度が0であり，ポテンシャル流れの一つとなる．単にうず(vortex)ともよばれている．

(3) 吹出しと吸込み

次の複素ポテンシャルで表される流れをしらべてみよう．

$$W = \frac{Q}{2\pi}\log z \tag{6.24}$$

zで微分すると

$$\frac{dW}{dz} = \frac{Q}{2\pi z} \tag{6.25}$$

これを実数部と虚数部とに分け，各速度成分が次のように求まる．

82　6. 理想流体の流れ

$$u = \frac{Q}{2\pi r}\cos\theta, \qquad v = \frac{Q}{2\pi r}\sin\theta \tag{6.26}$$

ここで，絶対流速を V_r とおくと

$$V_r = \frac{Q}{2\pi r} \tag{6.27}$$

V_r は半径 r に反比例し，θ 方向に一致する．$Q>0$ の場合，図6.6のように原点からの放射状の流れとなり，**吹出し** (source) とよばれている．$Q<0$ の場合，原点へ向かう流れとなり，**吸込み** (sink) とよばれている．いずれの場合も Q は単位厚さあたりの流量となる．

(4) 二重吹出し

図6.7のように，$x=-\varepsilon$ に強さ Q の吹出し，$x=\varepsilon$ に $-Q$ の吸込みがあると

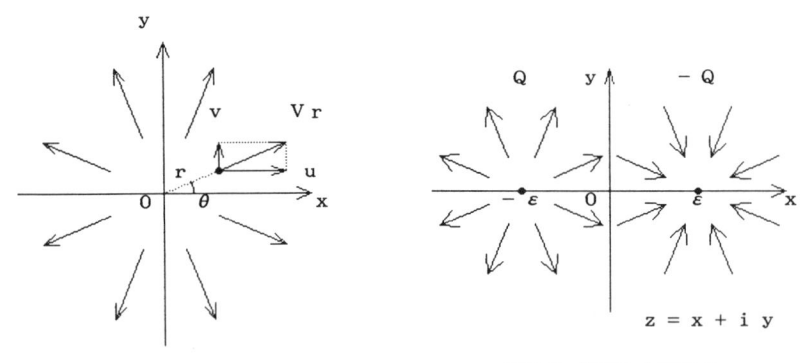

図6.6　吹出し

図6.7　吹出しと吸込み

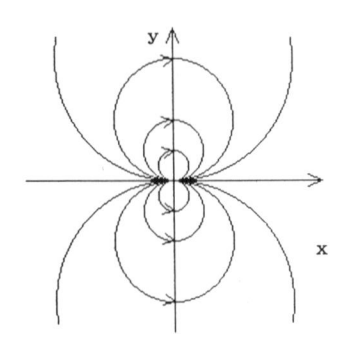

図6.8　二重吹出し

き，複素ポテンシャルは次式となる．

$$W = \frac{Q}{2\pi}\{\log(z+\varepsilon) - \log(z-\varepsilon)\} \tag{6.28}$$

ここで，$2Q\varepsilon = m$ とおいて，$\varepsilon \to 0$ の極限を求めると

$$W = \frac{m}{2\pi}\frac{1}{z} \tag{6.29}$$

この流れの流線は図6.8のように原点でx軸に接する円となり，等ポテンシャル線は原点でy軸に接する円となる．mは二重吹出しの強さという．

（5）複素ポテンシャルの重ね合わせ

6.2.4で述べたとおり，ポテンシャル流れの支配方程式は線形であるため，解（複素ポテンシャル）の重ね合わせが可能である．たとえば，図6.9(a)の一様流（流速U）の複素ポテンシャルW_1は

$$W_1 = Uz \tag{6.30}$$

図6.9(b)の二重吹出しの複素ポテンシャルW_2は

$$W_2 = k/z \tag{6.31}$$

これらの複素ポテンシャルを重ね合わせると次式となる．

$$W = W_1 + W_2 = Uz + k/z \tag{6.32}$$

この流れは，図6.9(c)のように円を一つの流線とする円柱（半径は$\sqrt{k/U}$）まわりの流れとなる．図(c)は式(6.32)から速度を計算して描いても，図(a)と図(b)の流れの速度ベクトルを合成しても得ることができる．

このように，複素ポテンシャルを重ね合わせてさまざまなポテンシャル流れ

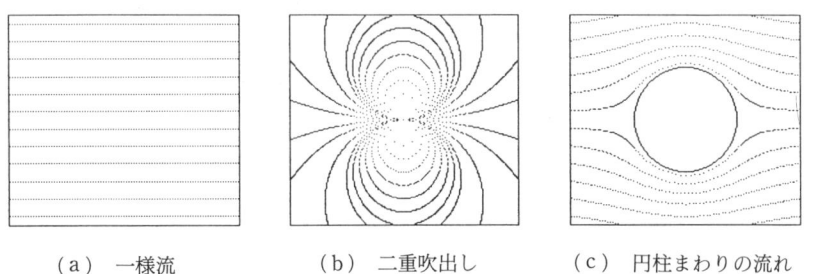

（a）　一様流　　　　（b）　二重吹出し　　　（c）　円柱まわりの流れ

図6.9　複素ポテンシャルの重ね合わせ

84　6. 理想流体の流れ

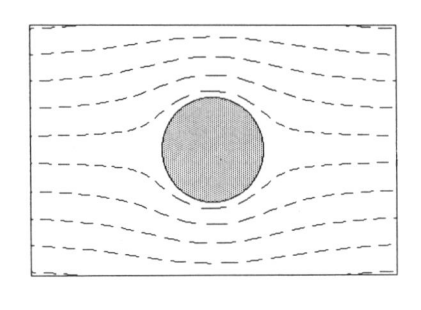

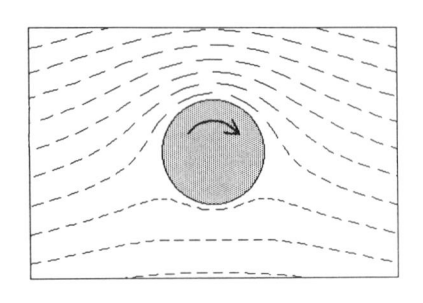

図 6.10　円柱まわりの流れ　　　　図 6.11　回転円柱まわりの流れ

を表現することができる．

（6） 円柱まわりの流れ

式 (6.32) から半径 R の円柱まわりの流れ（図 6.10）は次式のようになる．
$$W = U(z + R^2/z) \tag{6.33}$$
さらに，これに循環 Γ のうずを重ね合わせた次式は回転円柱まわりの流れとなる（図 6.11）．
$$W = U\left(z + \frac{R^2}{z}\right) + \frac{i\Gamma}{2\pi}\log z \tag{6.34}$$

循環 Γ の物体では $\rho U\Gamma$ の大きさの揚力（流れに垂直な力）が作用し，これを**クッタ-ジューコフスキーの定理**（Kutta-Joukowski's theorem）という．この証明は省略するが，図 6.11 のように回転する円柱まわりの流れでは上側の速度が下側に比べて大きく，したがって圧力が小さくなり，揚力が作用することを定性的に説明することができる．

例題 6.2　回転円柱まわりの流れ
　式 (6.34) で表される流れについて，半径 R の円周上の速度を求めよ．

解． 座標を図 6.12 のようにとる．式 (6.34) を z で微分し，$z = Re^{i\theta}$ を代入すると

$$\frac{dW}{dz} = U(1 - e^{-2i\theta}) + \frac{i\Gamma}{2\pi R}e^{-i\theta}$$

6.3 二次元ポテンシャル流れの例

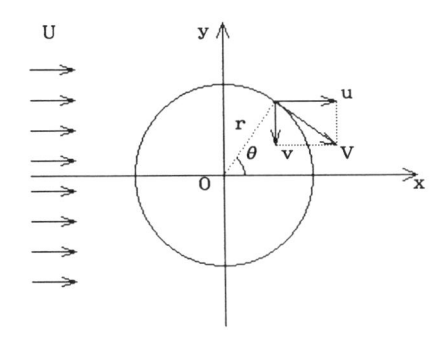

図6.12 円柱まわりの流れ

実数部と虚数部とに分けて，u と v を求めると
$$u = (2U\sin\theta + \Gamma/2\pi R)\sin\theta$$
$$v = -(2U\sin\theta + \Gamma/2\pi R)\cos\theta$$
よって，円周上の速度 V は
$$V = 2U\sin\theta + \Gamma/2\pi R$$
となり，円に接する方向に流れる．

(7) ジューコフスキー翼まわりの流れ

次式のジューコフスキー変換を用いると，ζ 平面の円が z 平面の翼形に変換される．
$$z = \zeta + c^2/\zeta \tag{6.35}$$
ここで，$\zeta = \xi + i\eta$, $z = x + iy$, i は虚数単位（$\sqrt{-1}$），c は定数である．図6.13(a)は，ζ 平面における点 (ξ_0, η_0) を中心として点 $(c, 0)$ を通る円である．これを式(6.35)で変換すると，z 平面では図6.13(b)の翼形となり，**ジューコフスキー翼形**（Joukowski profile）とよばれている．

ξ_0 は翼の厚さ，η_0 は翼のそり，c は翼の大きさにそれぞれ影響を与えるパラメータである．図6.14に ξ_0 と η_0 のとり方によって翼形がどのように変化するかを示した．

このようなジューコフスキー翼まわりの流れは，図6.13(a)の回転円柱まわりの流れの複素ポテンシャルを式(6.35)で z 平面に変換することによって得

86   6. 理想流体の流れ

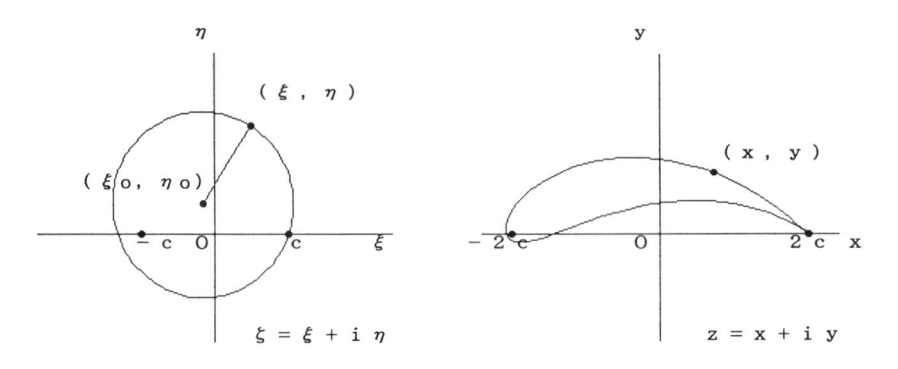

(a) ζ 平 面 の 円   (b) z 平 面 の ジューコフスキー 翼 形

図 6.13 ジューコフスキー変換

ξ_0/c \ η_0/c	0.0	0.1	0.2	0.3	0.4	0.5
+0.00						
−0.05						
−0.10						
−0.15						
−0.20						
−0.25						
−0.30						

図 6.14 ジューコフスキー翼形の一覧

られる．ζ平面内の円柱まわりの流れは次の複素ポテンシャルである．

$$W = U\left(\zeta - \zeta_0 + \frac{R^2}{\zeta - \zeta_0}\right) + \frac{i\Gamma}{2\pi}\log(\zeta - \zeta_0) \tag{6.36}$$

ここで，$\zeta_0 = (\xi_0, \eta_0)$ である．z 平面における共役複素速度は次のように求められる．

6.3 二次元ポテンシャル流れの例   87

$$\frac{dW}{dz} = u - iv = \left(\frac{dW}{d\zeta}\right) \bigg/ \left(\frac{dz}{d\zeta}\right) \tag{6.37}$$

式 (6.36) における循環 Γ の大きさは，翼の後縁（翼の最後尾の点）で流れが翼に沿って流れ出るという，**クッタの条件**から求められる．

翼に働く揚力は，クッタ-ジューコフスキーの定理から $\rho U \Gamma$ となる．定性的には，翼上面の速度が下面に比べて大きく，圧力が小さくなることから揚力が働くことが説明できる．

このようにして得られたジューコフスキー翼まわりの流れを図 6.15 に示す．

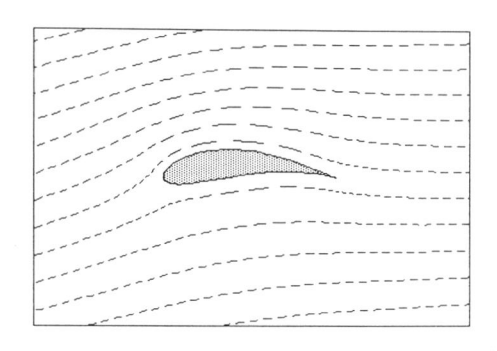

図 6.15 ジューコフスキー翼まわりの流れ

演習問題　6

（1）複素ポテンシャル $W=z^2$ はどのような流れを表すか．

（2）$z=i\varepsilon$ に時計まわりで強さ Γ，$z=-i\varepsilon$ に反時計まわりで強さ Γ のうずがある．ε を限りなく 0 に近づけるときの流れを求めよ．

（3）圧力係数を，$C_p=(p-p_0)/(\frac{1}{2}\rho U^2)$ と定義するとき，円柱まわりのポテンシャル流れ（式 (6.33)）について円柱表面上の C_p を求めよ．ただし，p_0 は無限遠における圧力とする．

（4）ζ 平面 $(\zeta=\xi+i\eta)$ において，$W(\zeta)=-iU(\zeta-R^2/\zeta)$ はどのような流れか．

（5）前問の流れに $z=\zeta+R^2/\zeta$ というジューコフスキー変換を実行すると，z 平面内ではどのような流れとなるか．

7. 管内の流れ

　水道やガスなどのように，流体が管の中を流れるということが実用上よくある．このとき，管内の流れはエネルギーの損失を受けるため，下流へ進むほど圧力は小さくなっていく．管内の流れのエネルギー損失とはどのようなもので，なぜ発生するのだろう．
　本章では，管内の流れの状態とエネルギー損失，および広がり管・狭まり管・曲がり管などさまざまな管路要素における流れについて学ぶ．

7.1 管摩擦損失

管の中を流体が流れているとき,下流へ進むほど圧力が小さくなる.ベルヌーイの式では損失を無視するが,実在する流体では粘性によるエネルギー損失のため,このような圧力降下が存在する.

図7.1のように断面積が一定で水平な直管内の流れを考える.途中,数箇所

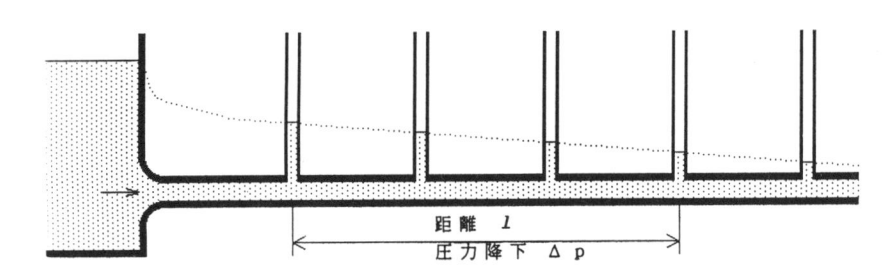

図7.1 管内流のエネルギー損失

で流体の圧力を測ると,ある程度下流では,直線的に圧力が減少することがわかる.直線的に圧力が減少している所で,距離 l だけ離れた2点についてエネルギーの式を考えてみよう.上流側の圧力を p_1,下流側を p_2 とする.断面平均流速は $v=v_1=v_2$,高さは $z_1=z_2$ であり,式(4.5)のエネルギーの式は

$$\frac{p_1}{\rho g}=\frac{p_2}{\rho g}+\Delta h \tag{7.1}$$

圧力降下を $\Delta p=p_1-p_2$ とおけば,

$$\Delta h=\frac{p_1-p_2}{\rho g}=\frac{\Delta p}{\rho g} \tag{7.2}$$

となる.この損失は,管摩擦損失とよばれている.

円管内の流れでは,通常,次式によって損失ヘッド Δh を表す.

$$\Delta h=\lambda \frac{l}{d}\frac{v^2}{2g} \tag{7.3}$$

ここで, d は管内径,λ は**管摩擦係数** (friction coefficient of circular pipe)

とよばれている．この関係式を**ダルシー-ワイズバッハ**（Darcy-Weisbach）の**式**という．λ は，流れが層流の場合にはレイノルズ数によって（7.2.1 を参照），乱流の場合にはレイノルズ数と管内壁の表面あらさによって（7.2.2，7.2.3 を参照）定まる値である．

> **例題 7.1** 図 7.2 のように二つの水槽が長さ l，内径 d の水平な円管で接続されている．円管から左水槽の水面まで h_1，右水槽の水面まで h_2 の高さである．損失は管摩擦損失のみ考慮し，管摩擦係数は λ とする．円管内の平均流速 v を求めよ．

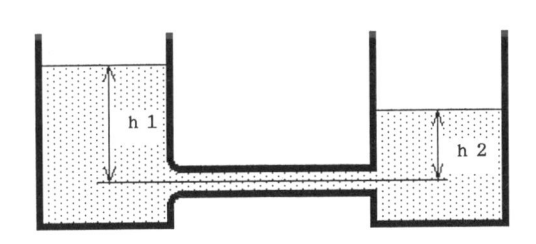

図 7.2 円管で接続された水槽

解． 左水槽の水面と円管出口とでエネルギーの式をたてる．左水面では位置ヘッド h_1 だけ，円管出口では圧力ヘッド h_2，速度ヘッド $v^2/2g$ であり

$$h_1 = h_2 + \frac{v^2}{2g} + \lambda \frac{l}{d} \frac{v^2}{2g}$$

これより，

$$v = \sqrt{\frac{2g(h_1 - h_2)}{1 + \lambda l/d}}$$

7.2 円管内の層流・乱流

管としてもっとも多く使用されているのは円管である．ここでは，円管内の流れについて，その状態と管摩擦損失をしらべてみる．

7.2.1 円管内の層流

　動粘度 ν の流体が管内径 d の円管内を断面平均流速 v で流れているとき，レイノルズ数は，$Re = vd/\nu$ で定義される．円管内の流れの場合，臨界レイノルズ数 Re_{cr} はおよそ 2300 であり，Re がこれ以下のとき層流となる．

　円管内の層流は，ナビエ-ストークスの式によって解析することができる．図7.3のように内半径 R の円管内の流れを考え，管軸方向に x 軸，半径方向に r 軸

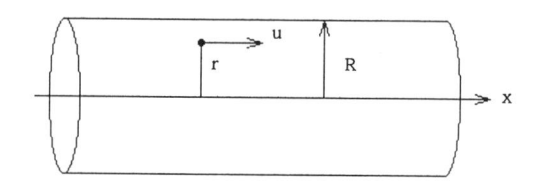

図7.3　円管内の流れ

をとる．式(5.30)のナビエ-ストークスの式において，$V_r = V_\theta = 0$ であり，z を x に置き換えて $V_z = u(r)$ とおけば，r 方向の式より

$$\frac{\partial p}{\partial r} = 0 \tag{7.4}$$

となり，$p = p(x)$ であることがわかる．式(5.30)の z 方向（x 方向）の式より

$$-\frac{1}{\rho}\frac{dp}{dx} + \nu\left(\frac{d^2u}{dr^2} + \frac{1}{r}\frac{du}{dr}\right) = 0 \tag{7.5}$$

これを，$r = 0$ で $du/dr = 0$，$r = R$ で $u = 0$ の境界条件の下に解くと次式となる．

$$u = -\frac{1}{4\mu}\frac{dp}{dx}(R^2 - r^2) = u_{\max}\left(1 - \frac{r^2}{R^2}\right) \tag{7.6}$$

ここで，$u_{\max}$ は最大流速である．この流れを**ハーゲン-ポアズイユ** (Hagen-Poiseuille) **流れ**といい，速度分布は回転放物面となっている．

　流量は流速 u と面積の積を積分して次のように求められる．

$$Q = \int_0^R 2\pi r u \, dr = -\frac{\pi R^4}{8\mu}\frac{dp}{dx} \tag{7.7}$$

平均流速 v は式(7.7)を断面積 πR^2 で割り

$$v = -\frac{R^2}{8\mu}\frac{dp}{dx} = \frac{u_{\max}}{2} \tag{7.8}$$

となり，最大流速 u_{max} の半分になる．

式 (7.2)，式 (7.3)，式 (7.8) から管摩擦係数 λ を求めると次式となる．

$$\lambda = 64/Re \tag{7.9}$$

円管内の層流では，管摩擦係数 λ はレイノルズ数 $Re(=vd/\nu)$ の関数となる．

せん断応力 τ は，式 (7.6) から

$$\tau = \mu \frac{du}{dr} = \frac{1}{2}\frac{dp}{dx}r \tag{7.10}$$

となり，直線的に変化することがわかる．管壁上のせん断応力を**壁面せん断応力**といい，$\tau_w = (dp/dx)R/2$ となる．この壁面せん断応力が摩擦として働き，エネルギー損失となる．

7.2.2 なめらかな円管内の乱流

レイノルズ数がおよそ4000以上のとき，円管内の流れは乱流となる．ただし，上流側の乱れが小さい場合には，これ以上のレイノルズ数でも層流状態であるときがある．

層流では理論的に解析できたのに対して，乱流では理論的な解析が不可能であり，経験的法則にもとづいている．次に経験的な速度分布の与え方を示す．なお，以下簡単のため，時間平均値を表す ‾ は省略してある．

(1) 指数法則

円管内乱流の速度分布を次の関数で近似することがある．

$$u = u_{max}\left(\frac{y}{R}\right)^{\frac{1}{n}} \tag{7.11}$$

ここで，u は管軸方向の速度，u_{max} は管中心における最大流速，R は管の内半径，y は内壁からの距離，n はレイノルズ数の値から経験的に定められる定数で6〜9の値をとる．式 (7.11) を**指数法則** (power law) といい，理論的な裏づけはないが，実験値に合うことが知られている．しかし，管中心で $du/dy \neq 0$，管壁上で $du/dy \to \infty$ となり，実際とは異なる点もある．

なめらかな円管内流れの管摩擦係数を求める経験式に次のような**ブラジウス** (Blasius) **の式**がある．

$$\lambda = 0.3164\, Re^{-0.25} \tag{7.12}$$

この式は $Re=3\times10^3\sim10^5$ で実験とよく一致することが知られている．式(7.12)は，$n=7$ の場合に対応しており，このときの速度分布の与え方を特に 1/7 乗則という．

例題 7.2 円管内乱流の速度分布を式(7.11)で近似するとき，断面平均流速 u_m を $u_{\max}$ と n で表せ．

解． 式(7.11)を面積分して，流量 Q を求めると

$$Q = \int_0^R 2\pi r u\, dr = u_{\max} \pi R^2 \frac{2n^2}{(n+1)(2n+1)}$$

これを断面積 πR^2 で割り，

$$u_m = \frac{2n^2}{(n+1)(2n+1)} u_{\max}$$

(2) 対数法則

乱流では，時間的，空間的に不規則に変化する速度変動が存在する．主流方向の速度変動成分を u'，主流と垂直な方向の変動成分を v' とすれば，これらによる単位時間あたりの運動量変化は $\rho\overline{u'v'}$ となり，これを力（慣性力）として考える場合にはマイナスをつければよい．つまり，せん断応力 τ は

$$\tau = \mu \frac{du}{dy} - \rho\overline{u'v'} \tag{7.13}$$

ここで，$-\rho\overline{u'v'}$ は**レイノルズ応力**（Reynolds stress）とよばれ，乱流に特有のものである．管内乱流のせん断応力を測定すると図7.4のようになり，壁付近を除くとせん断応力 τ はほぼレイノルズ応力に一致し，壁近傍ではレイノルズ応力が減少し，粘性せん断応力（$\mu\, du/dy$）が支配的になる．

プラントルの**混合長理論**（mixing length theory）＊によれば，レイノルズ応力を次式で表すことができる．

＊ プラントル（Prandtl）は，流体塊が平均して混合長距離 l だけ移動すると，他の流体塊と混合し同じ性質を有し，そこに達するまでは元の性質のまま移動するとのモデルを示した．速度変動は2点における速度差に関係づけられ，$|u'|\sim l|du/dy|$ と考える．

7.2 円管内の層流・乱流

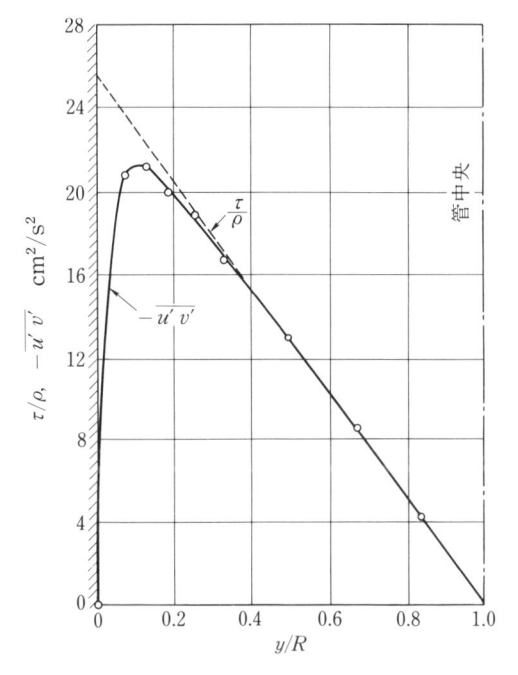

図7.4 管内乱流のせん断応力分布
(「機械工学便覧 新版 A 5 編 流体工学」, p. A5-73)

$$-\rho\overline{u'v'} = \rho l^2 \left|\frac{du}{dy}\right|\frac{du}{dy} \tag{7.14}$$

ここで，壁付近の流れを対象とするものとして，次の仮定をおくことにする．
(i) 混合長 l は壁からの距離に比例し，$l=xy$（x は定数）で表される．
(ii) せん断応力 τ が壁面せん断応力 τ_w に等しく，一定である．
(iii) レイノルズ応力に比べて，粘性せん断応力が省略できる．
これらの仮定から，式 (7.14) は

$$\tau_w = \rho x^2 y^2 (du/dy)^2 \tag{7.15}$$

これより，

$$\frac{du}{dy} = \frac{u_*}{xy} \tag{7.16}$$

ここで，$u_* = \sqrt{\tau_w/\rho}$ であり，**摩擦速度** (friction velocity) とよばれている．式

(7.16) を積分し，κ と積分定数を実験的に定めると，次式となる．

$$\frac{u}{u_*} = 2.5 \log \frac{u_* y}{\nu} + 5.5 = 5.75 \log_{10} \frac{u_* y}{\nu} + 5.5 \tag{7.17}$$

これは，$u_* y/\nu > 70$ の領域で実験と合うことが確認されており，速度分布の**対数法則** (log law) とよばれている．この領域を**内層** (inner layer) という．

壁のごく近傍では，レイノルズ応力が減少し，粘性せん断応力が支配的になるので式 (7.17) は成り立たない．そこで，せん断応力がすべて粘性せん断応力により，さらに速度が直線的な分布であると仮定すれば

$$\tau_w = \mu u/y \tag{7.18}$$

よって

$$u/u_* = u_* y/\nu \tag{7.19}$$

式 (7.19) は，$u_* y/\nu < 5$ の領域で成り立ち，この領域を**粘性底層** (viscous sublayer) という．粘性底層は粘性応力が支配的な領域である．

$5 < u_* y/\nu < 70$ の領域では，粘性応力とレイノルズ応力の両方が影響し，次の経験式が適用でき，遷移層とよばれている．

$$\frac{1}{(u/u_*)^2} = \frac{1}{(u_* y/\nu)^2} + \frac{0.030}{\{\log_{10}(9.05 u_* y/\nu)\}^2} \tag{7.20}$$

以上をまとめると

$u_* y/\nu < 5$ ：粘性底層，粘性応力が支配的，式 (7.19)

$5 < u_* y/\nu < 70$ ：遷移層，式 (7.20)

$70 < u_* y/\nu$ ：内層，レイノルズ応力が支配的，式 (7.17)

これらの関係はレイノルズ数に関係なく，壁付近の流れに適用でき，**壁法則** (wall law) とよばれている．実験値との比較を図 7.5 に示す．

式 (7.17) に，$y = R$ において $u = u_{\max}$ を代入し，式 (7.17) との差を求めると

$$\frac{u_{\max} - u}{u_*} = 5.75 \log_{10} \frac{R}{y} \tag{7.21}$$

これは**速度欠損法則** (velocity defect law) とよばれ，管中心部の流れに適用される．式 (7.21) を面積分し，断面積で割れば平均流速 u_m が求まり，

$$\frac{u_m}{u_*} = \frac{u_{\max}}{u_*} - 3.75 = 5.75 \log_{10} \frac{u_* R}{\nu} + 1.75 \tag{7.22}$$

7.2 円管内の層流・乱流

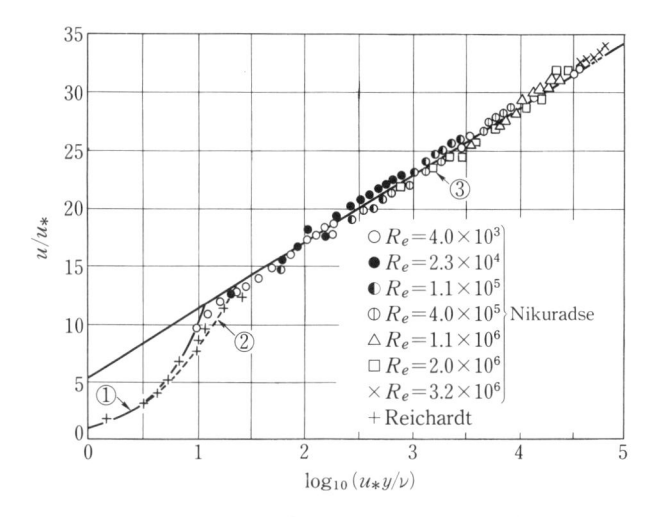

①粘性底層，式(7.19) ②遷移層，式(7.20) ③内層，式(7.17)

図7.5 壁法則
(「機械工学便覧 新版 A5編 流体工学」, p. A5-73)

長さ l の部分に関する壁面せん断応力と圧力差のつりあいの式をたて，式(7.2)と式(7.3)を代入すると

$$\tau_w \pi d l = \Delta p \frac{\pi d^2}{4} = \lambda \frac{l}{d} \frac{\rho u_m{}^2}{2} \frac{\pi d^2}{4} \tag{7.23}$$

式(7.22)に式(7.23)を代入し，

$$1/\sqrt{\lambda} = 2.03 \log_{10}(Re\sqrt{\lambda}) - 0.91 \tag{7.24}$$

ここで，実験値を使って定数の修正を行い，次式を得る．

$$1/\sqrt{\lambda} = 2.0 \log_{10}(Re\sqrt{\lambda}) - 0.8 \tag{7.25}$$

この式(7.25)は，**プラントル-カルマン (Prandtl-Kármán) の式**とよばれ，$Re = 3 \times 10^3 \sim 3 \times 10^6$ の広範囲で実験結果とよく一致する．

7.2.3 あらい円管内の乱流

乱流の場合には，内壁の表面あらさによって速度分布や管摩擦係数が変化する．あらさの突起高さを k_s とするとき，$u_* k_s / \nu$ をあらさレイノルズ数，k_s/d を相対粗度という．あらさの影響は次のように分類できる．

（ⅰ）$u_* k_s/\nu < 5$ のとき，突起は粘性底層内に含まれ，速度分布，管摩擦係数ともになめらかな円管のときに一致する．「流体力学的になめらか」な状態という．

（ⅱ）$5 < u_* k_s/\nu < 70$ のとき，突起は粘性底層よりも大きくなる．このとき，流れはあらさの影響を受け，管摩擦係数 λ はレイノルズ数と相対粗度の関数になり，次のコールブルック（Colebrook）の実験式などがある．

$$\frac{1}{\sqrt{\lambda}} = -2.0\log_{10}\left(\frac{k_s}{d} + \frac{9.34}{Re\sqrt{\lambda}}\right) + 1.14 \tag{7.26}$$

（ⅲ）$70 < u_* k_s/\nu$ のとき，突起は内層までおよび，「流体力学的に完全にあらい」という．混合長距離 l はなめらかな管の場合と変わらず，対数速度分布が適用できる．実験的に定数を定めれば次式を得る．

$$\frac{u}{u_*} = 5.75\log_{10}\frac{y}{k_s} + 8.5 \tag{7.27}$$

管摩擦係数 λ は，レイノルズ数には無関係に，相対粗度 k_s/d だけで定ま

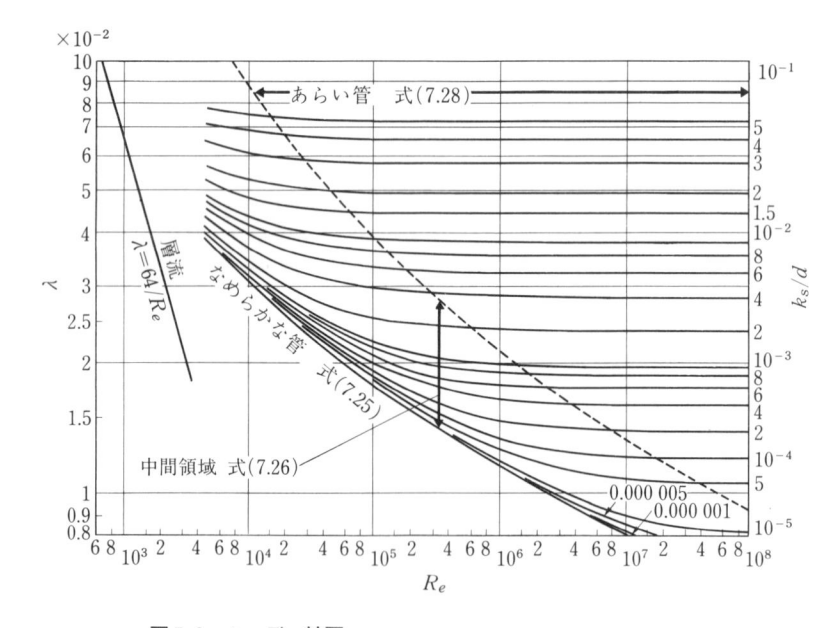

図 7.6　ムーディ線図

（「機械工学便覧　新版　A5編　流体工学」, p. A5-75）

る．式 (7.27) を使って λ を求め，定数を実験値で修正すると次式となる．

$$\frac{1}{\sqrt{\lambda}} = 2.0 \log_{10} \frac{d}{k_s} + 1.14 \tag{7.28}$$

以上のように，あらい円管内の乱流はレイノルズ数と相対粗度の影響を受ける．管摩擦係数 λ をまとめると，図 7.6 の**ムーディ**(Moody) **線図**となる．

7.3　円管以外の管摩擦損失

断面形状が四角形や三角形などの円管以外の管摩擦損失は，以下のように同じ損失を持つ円管に置き換えられる．

まず，**流体平均深さ** (hydraulic mean depth) r_h を次式で定義する．

$$r_h = A/s \tag{7.29}$$

ここで，A は流体が流れている部分の断面積，s はぬれ縁長さとよばれ，断面内において流体と壁面が接している長さである．

流体平均深さの 4 倍の値を**等価直径** (equivalent diameter) d_e という．

$$d_e = 4r_h = 4A/s \tag{7.30}$$

これは，内径 d の円管で $r_h = d/4$ となることに対応し，ある断面の等価直径 d_e とはその断面と同じ流体平均深さをもつ円管の内径に等しい．円管以外の管摩擦損失は，等価直径 d_e の円管に等しいとみなし，式(7.3)に対応させて次式で損失ヘッド Δh を求める．

$$\Delta h = \lambda \frac{l}{d_e} \frac{v^2}{2g} \tag{7.31}$$

通常，管摩擦係数 λ は円管の場合の値を用いる．しかし，精度をよくするためにはその断面形状で実験する必要がある．

例題 7.3　図 7.7 のような幅 B の溝に深さ H まで液体が入って，紙面と垂直方向に流れている．等価直径 d_e を求めよ．

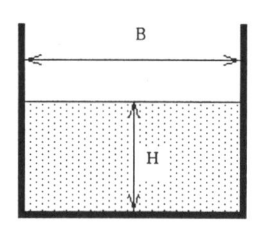

図7.7 溝の中の流れ

解. 断面積は $A=BH$, ぬれ縁長さ $s=B+2H$ であり,
$d_e=4A/s=4BH/(B+2H)$.

7.4 拡大・縮小管内の流れ

　ここまでは断面積が一定の場合を対象としてきたが, 管路系の流れでは断面積を変化させる場合がある. 断面積をしだいに大きくして減速し, 速度エネルギーを圧力エネルギーに変換したり, 逆に断面積を小さくして増速することなどがある. そこで, 断面積が変化する管路について流れの状態と損失を学ぶ.

(1) 急拡大管内の流れ

　図7.8のように断面積がステップ状に大きくなっている管を急拡大管という. 管から水槽への出口なども急拡大管の一種と考えられる.

　急拡大管では広がり直後に**はく離**(separation)を生じる. はく離とは流線が壁面から離れ, その後方に逆流をともなう循環領域ができる状態をいい, エネルギー損失が大きくなる. 急拡大管の損失ヘッド Δh は運動量理論 (9.2(5)参照) から次式のように求められる.

$$\Delta h=\frac{(v_1-v_2)^2}{2g}=\left(1-\frac{A_1}{A_2}\right)^2\frac{v_1^2}{2g} \tag{7.32}$$

急拡大管ははく離のため大きな損失をともなうので, 通常はゆるやかに断面積を増加させる方がよい.

7.4 拡大・縮小管内の流れ　101

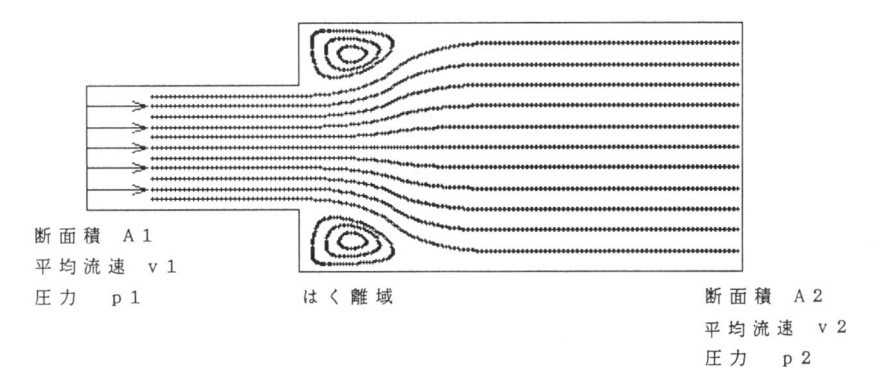

断面積　A1
平均流速　v1
圧力　p1

はく離域

断面積　A2
平均流速　v2
圧力　p2

図7.8　急拡大管内の流れ

(2) ゆるやかな拡大管内の流れ

　急拡大管では損失が大きいので，流れを減速させる場合には図7.9のようなゆるやかな拡大管を用いることが多い．拡大管では下流に向かって圧力が増加し，一般に流れのはく離を生じやすい．したがって，広がり角2θを大きく設定すると，はく離のため損失が大きくなる．

　損失をもっとも小さくするには2θが6°付近がよいとされているが，15°程度以下で使用すれば，それほど大きな損失にはならない．

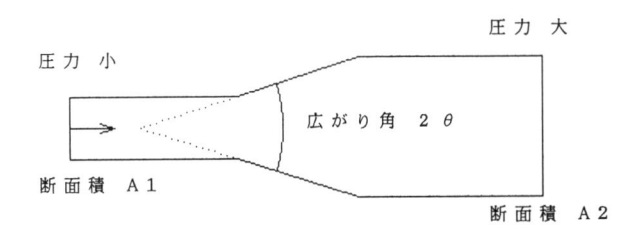

圧力　小
圧力　大
広がり角　2θ
断面積　A1
断面積　A2

図7.9　ゆるやかな拡大管内の流れ

(3) 急縮小管内の流れ

　図7.10(a)のような急縮小管では縮小直後にもはく離を生じ，流路が閉そくされ，その後再び流路全体に広がる流れになる．このような流れを縮流といい，

7. 管内の流れ

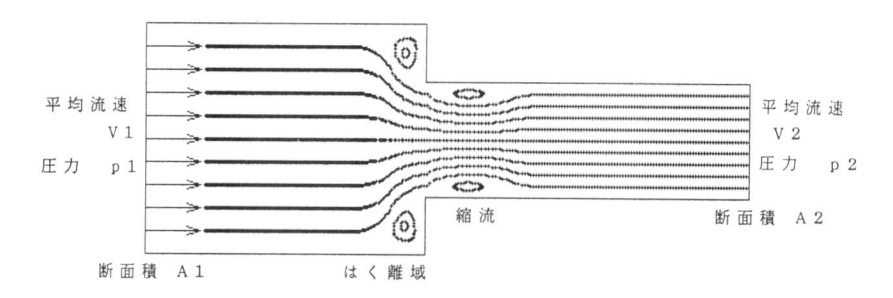

(a) 丸みのない場合

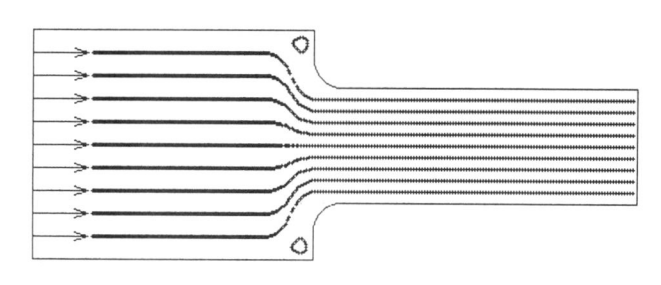

図中ラベル: 平均流速 V1, 圧力 p1, 断面積 A1, はく離域, 縮流, 平均流速 V2, 圧力 p2, 断面積 A2

(b) 丸みをつけた場合

図7.10 急縮小管内の流れ

大きな損失となる．縮流を防ぐためには，図7.10(b)のように角に丸みをつくればよく，これだけで大幅に損失を小さくすることができる．

損失ヘッド Δh は，損失係数 ζ を使って次式で表される．

$$\Delta h = \zeta \, v_2^2 / 2g \tag{7.33}$$

水槽から管に流入する入口部も急縮小の一種と考えられる．この場合，角に丸みをつけないと $\zeta \fallingdotseq 0.5$ であるが，丸みをつけることによって $\zeta = 0.06 \sim 0.005$ まで小さくすることができる．

(4) ゆるやかな縮小管内の流れ

一般に，縮小管では下流に向かって圧力が減少し，はく離を生じにくい．したがって，急縮小管を除けば損失は小さく，狭まり角を多少大きくしてもよい．

(5) 絞り部の流れ

図7.11のように，流路の断面積を一部分だけ小さくすることを絞りとよぶ．

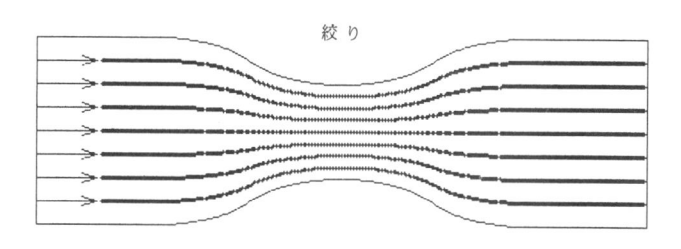

図7.11 絞り部における流れ

絞り部では圧力が一時的に小さくなり，これを利用して流量計やガソリンエンジンの気化器などで使われている．絞り部における損失は，縮小損失と拡大損失の両方を合わせたものとして考えられる．絞り前後のはく離，および絞り部の縮流が損失のおもな原因になる．

絞りの代表的な例は，図7.12の3種類である．いずれも流量計などに使われ

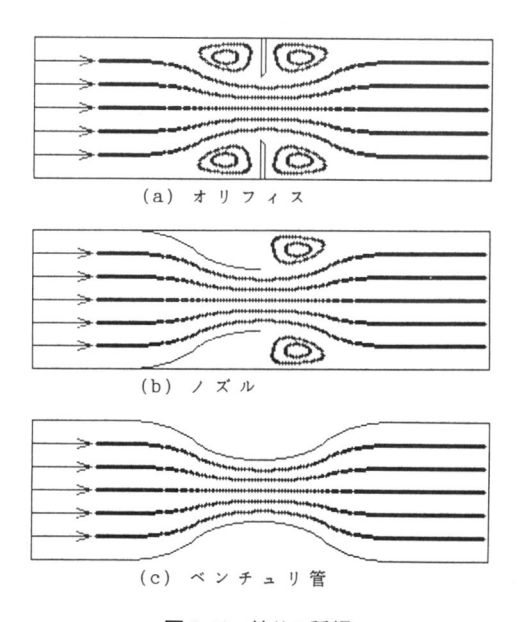

(a) オリフィス

(b) ノズル

(c) ベンチュリ管

図7.12 絞りの種類

ている．(a)はオリフィスと呼ばれ，構造は簡単であるが，前後ではく離を生じ，縮流も起こり，損失は大きい．(b)はノズルとよばれ，縮流は起こりにくいが，広がり部ではく離を生じる．(c)はベンチュリ管とよばれ，特に広がり部をゆるやかにすることによってはく離を防げ，損失が小さい．これらの絞りにおける流量 Q と上流との圧力差 Δp の間には次の関係が成り立つ．

$$Q = \alpha \frac{\pi d^2}{4} \sqrt{\frac{2\Delta p}{\rho}} \tag{7.34}$$

ここで，α は流量係数とよばれ，規格や検定によって求められる値である．d は絞り部の内径，ρ は流体の密度である．

7.5 助走区間における流れ

図7.13のように，タンクから管内へ流体が流入する部分を入口部という．い

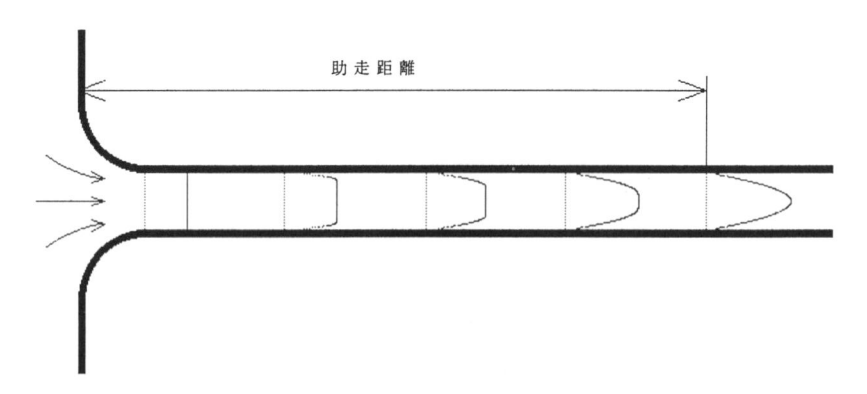

図7.13 助走区間における流れ

ま，入口部に十分丸みのある場合を考える．入口直後では壁面近傍を除いてほぼ一様な速度分布となっている．その後は壁面付近で，速度の遅い**境界層** (boundary layer) とよばれる領域が発達し，しだいに一定速度の領域は小さくなっていき，最終的な速度分布へと変化していく．この最終的な速度分布を**発達した速度分布** (developed flow) という．これに対して，速度分布が変化

していく範囲を**助走区間** (inlet region) といい，その長さを**助走距離** (inlet length) という．

助走距離はおよそ次の値となる．

   層流の場合 $0.065d\,Re$

   乱流の場合 $(25\sim40)d$

ここで，d は管内径，Re はレイノルズ数 $(=vd/\nu)$ である．

　助走区間では，発達した速度分布に比べて壁面近傍の速度こう配が大きくなり，通常の管摩擦損失よりも大きな損失となる．入口に丸みがない場合には，はく離と縮流を生じ，さらに大きな損失となる．これらの入口部の損失を入口損失という．

7.6 曲がり管内の流れ

　曲がり管内の流れは旋回流れの一部分とも考えられ，遠心力のため，内周で低圧，外周で高圧となる．

　一般に，下流に向かって圧力が上昇する場合に流れのはく離を生じやすく，この場合，図 7.14 のように内周の下流側と外周の上流寄りで流れのはく離が発

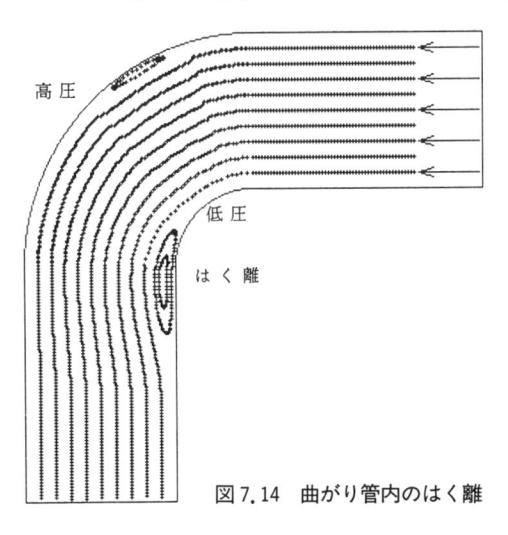

図 7.14　曲がり管内のはく離

生することがある．はく離を生じると，損失は大きくなる．ただし，このようなはく離はレイノルズ数が比較的小さいときに起こり，レイノルズ数が大きいときには次に説明する二次流れが発生し，はく離は打ち消されてしまう．

レイノルズ数が大きくなってくると，遠心力の影響が大きくなる．遠心力は速度の2乗に比例するので，流速の大きい管中心付近では壁面付近に比べて遠心力が大きくなり，外向きの流れが発生する．一方，壁面に沿って内周側へまわり込む流れが発生する（図7.15）．このように主流（中心軸方向の流れ）と垂直な断面内の流れを**二次流れ**（secondary flow）という．

これらのはく離，二次流れとも曲がり管における損失の原因となる．

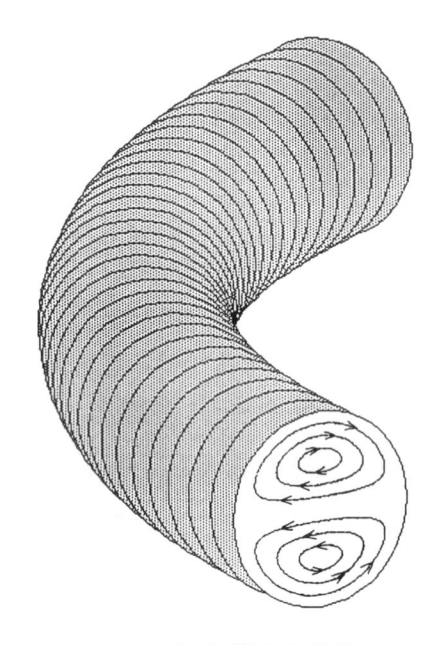

図7.15　曲がり管内の二次流れ

7.7　矩形断面管内の流れ

矩形断面管内を流体が乱流状態で流れる場合，**二次流れ**（secondary flow）を生じる．たとえば，正方形断面管では図7.16のように管中心付近から各コー

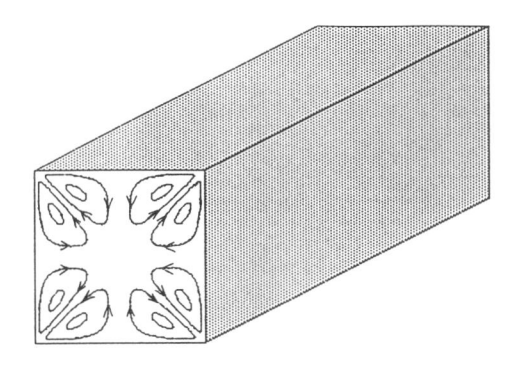

図 7.16　正方形断面管内の二次流れ

ナに向かう循環流が見られる．

このような二次流れは損失を大きくする要因になる．したがって，二次流れの影響が大きな場合には，円形断面以外の管に対して示した式（7.31）の管摩擦係数 λ に円管の値を代用することは適当でなくなる可能性がある．このようなときには，実際にその管で実験することがのぞましい．

演習問題　7

(1) 内径 10.0 mm の水平な円管内をグリセリン（密度 1.26×10^3 kg/m³，動粘度 1.18×10^{-5} m²/s とする）が平均流速 1.00 m/s で流れている．流れは層流か，乱流か答えよ．
(2) 前問において，管軸方向に 2 m 離れた 2 点間の圧力差を求めよ．
(3) 図 7.17 のように，十分大きな水槽の底に内径 50.0 mm，長さ 4.00 m の円管が鉛直下方に接続され，水槽内の水が流出している．水面から水槽の底までは 2.00 m，水の密度は 1000 kg/m³，管摩擦係数は 0.02 のとき，流出流量を求めよ．ただし，損失は管摩擦損失のみ考慮する．
(4) 一辺が a の正三角形断面の管の等価直径を求めよ．
(5) 管路入口部におけるエネルギー損失の原因を述べよ．
(6) 曲がり管におけるエネルギー損失の原因を述べよ．

7. 管内の流れ

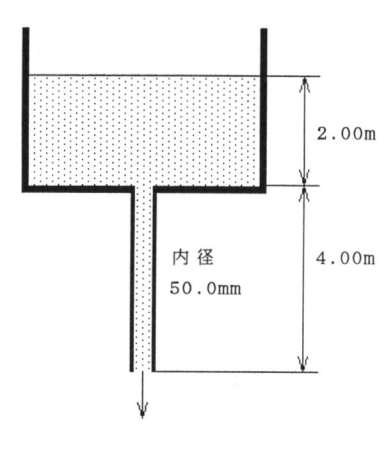

図 7.17 水槽

8. 物体まわりの流れ

　水の中で動くときや強風の中に立ったときなど水や空気から力を受けた経験があると思う．物体が流体中を運動する場合，流体から抵抗や揚力を受ける．流れの中に物体が置かれている場合も同様である．では，どのようにして流体から物体に力が働くのだろう．
　本章では，物体まわりの流れについて，物体壁の近傍にできる境界層の性質から始めて流れの状態と働く力を学んでいく．さらに，物体後方に発生するカルマンうず列についても学ぶ．

8.1 境界層

　物体のまわりを流体が流れているとき，物体壁の近傍に速度の小さな境界層とよばれる薄い層ができる．境界層はその物体まわりの流れに大きな影響をもっており，流れの状態，物体に働く力および流れのはく離などを知る上で非常に重要である．

8.1.1 境界層の性質

　流れの中に置かれた物体について，壁面近傍の流れをしらべてみよう．粘性のない理想流体では，せん断応力が働かないので図8.1(a)のように物体壁に接するところでも流れがある．しかし，実在する流体では図8.1(b)のように，粘

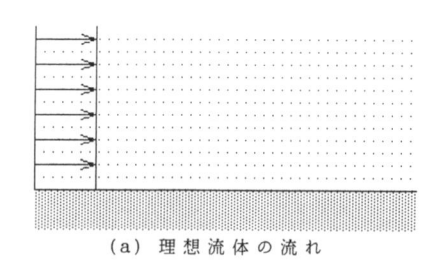

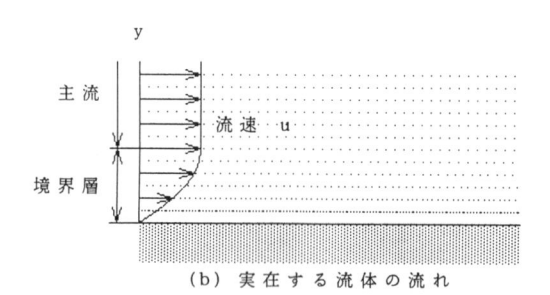

(a) 理想流体の流れ

(b) 実在する流体の流れ

図8.1　物体壁近傍の流れ

性の影響のため壁面に近づくにつれてしだいに速度は小さくなり，壁面上で速度が0となる．このように，速度が小さくなっている領域を**境界層** (boundary layer) という．一方，境界層の外側の速度が一定の領域を主流という．

境界層は一般に次の性質をもっている．
- 壁面近傍で速度が小さい．
- 薄い層である．
- 速度こう配 (du/dy) が大きい．
- 粘性の影響が大きい（せん断応力 $\tau = \mu\, du/dy$ が大きい）．

これに対して，主流では速度こう配が小さく，粘性の影響が小さいので非粘性流体として近似することができる．粘性を考慮するのは，物体近傍に限られた境界層内だけでよい．これは，プラントル (Prandtl) によって提唱された境界層理論の基本となる考え方である．

8.1.2 境界層厚さ

境界層をしらべる前に，境界層の厚さを定義しておく必要がある．流速を u，主流速度を U とすれば，壁面から速度が U に達する点までの距離が境界層厚さ δ である（図 8.2）．しかし，$u = U$ となる点を決定することは難しく，通常は以下に示す排除厚さや運動量厚さなどが用いられ，物理的な意味からもこれらの方が重要である．

排除厚さ (displacement thickness) δ^* は次式で定義される．ただし，座標は壁面の方向に x 軸，それと直交する方向を y 軸とした．

$$\delta^* = \frac{1}{U}\int_0^\infty (U-u)\,dy \tag{8.1}$$

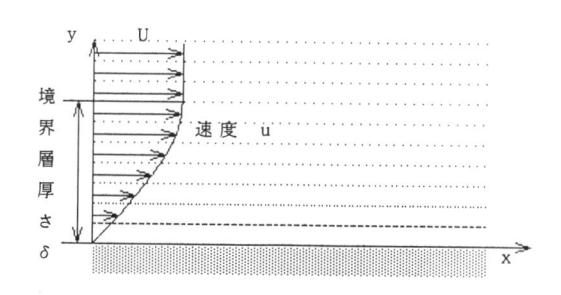

図 8.2　境界層厚さ

これは，厚さ δ^* を除いて一様流とみなしたときに，実際の流れと流量が等しくなるとしたものである．つまり，図8.3の(a)と(b)において流量の欠損量が一致するという関係にある．

運動量厚さ (momentum thickness)　θ は次式で定義される．

$$\theta = \frac{1}{U^2}\int_0^\infty u(U-u)dy \tag{8.2}$$

これは，図8.4の(a)と(b)において運動量の欠損量が等しくなるように θ を定めたものである．

以上の排除厚さと運動量厚さは，単に境界層厚さの代表値というだけでなく，境界層の特性を表す値としても重要である．

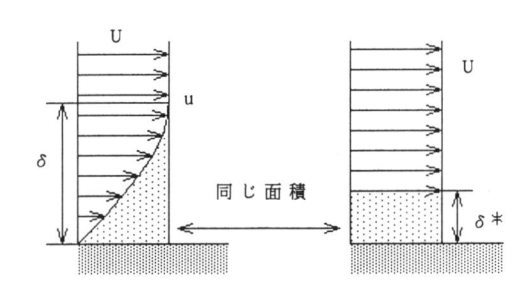

(a) 実際の境界層　　　(b) 一様流

図8.3　排除厚さ

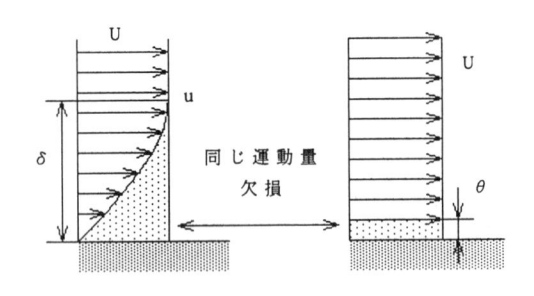

(a) 実際の境界層　　　(b) 一様流

図8.4　運動量厚さ

8.1.3 平板に沿う境界層

一様流と平行に平板を置いたときの流れを考える．これは，境界層のもっとも基本的な例である．

図8.5のように，平板先端からはじめに形成される境界層内では層流状態で

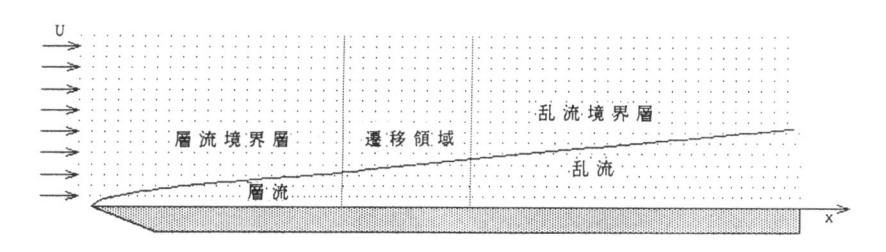

図8.5 平板に沿う境界層

あり，**層流境界層** (laminar boundary layer) とよばれている．ある程度下流に進むと境界層内の流れは乱流へと遷移を始め，層流と乱流が混在する領域を**遷移領域**(transition region)，完全に乱流に遷移した領域を**乱流境界層**(turbulent boundary layer) という．

境界層を解析する際には，以下の境界層近似が用いられる．主流方向をx軸，それと直交する方向をy軸とし，それぞれの方向の長さスケールをLとδ，速度をuとvとする．境界層は薄い層であるので$L \gg \delta$，また，$u \gg v$であると仮定する．流れは定常，二次元，非圧縮性であるとして，ナビエ-ストークスの式をたてる．以上の仮定の下に式 (5.26) を簡略化すると次式となる．

$$u\frac{\partial u}{\partial x}+v\frac{\partial u}{\partial y}=-\frac{1}{\rho}\frac{\partial p}{\partial x}+\nu\frac{\partial^2 u}{\partial y^2} \tag{8.3}$$

これは**境界層方程式**とよばれている．平板に沿う流れでは，圧力こう配が$\partial p/\partial x = 0$であり，式 (8.3) は次のようになる．

$$u\frac{\partial u}{\partial x}+v\frac{\partial u}{\partial y}=\nu\frac{\partial^2 u}{\partial y^2} \tag{8.4}$$

一方，連続の式は式 (5.11) から次式となる．

$$\frac{\partial u}{\partial x}+\frac{\partial v}{\partial y}=0 \tag{8.5}$$

平板に沿う境界層は，式 (8.4) と式 (8.5) を境界条件 $y=0$ で $u=v=0$, $y \to \infty$ で $u=U$ の下に解けばよく，層流境界層についてはブラジウス (Blasius) やハワース (Howarth) らによって解が求められている．

境界層方程式を積分して近似的に解析する方法もある．式 (8.4) の両辺を 0 から δ まで y で積分し，式 (8.5) を代入して整理すると次式を得る．

$$\frac{d\theta}{dx} = \frac{\tau_w}{\rho U^2} \tag{8.6}$$

ここで，θ は運動量厚さ (式 (8.2))，τ_w は壁面せん断応力である．この式は平板に沿う**境界層の運動量方程式**とよばれている．これは，境界層内の速度分布を仮定して境界層を近似的に解くものであるが，式 (8.4) よりも実用的である．以下，層流境界層と乱流境界層についてもう少し詳しく説明する．

(1) 層流境界層

層流境界層についてはブラジウスやハワースの解のほか，いくつかの経験的な速度分布が提唱されている．たとえば，プラントル (Prandtl) は

$$\frac{u}{U} = \frac{3}{2}\left(\frac{y}{\delta}\right) - \frac{1}{2}\left(\frac{y}{\delta}\right)^3 \tag{8.7}$$

という速度分布を仮定し，式 (8.6) から以下の結果を得た．境界層厚さ δ は

$$\delta = 4.64\sqrt{\nu x/U} \propto x^{\frac{1}{2}} \tag{8.8}$$

ここで，x は平板先端からの距離である．壁面せん断応力 τ_w によって平板に働く抵抗，すなわち**摩擦抗力** (frictional drag) D_f は，プラントルの分布を仮定すると，長さ l の平板に対して

$$C_f = \frac{D_f}{\rho U^2 l/2} = 1.293\sqrt{\nu/Ul} \tag{8.9}$$

ここで，C_f は**摩擦抗力係数** (frictional drag coefficient) とよばれ，単位幅あたりに片面に働く摩擦抗力 D_f を $\rho U^2 l/2$ で無次元化したものである．

これに対して，ブラジウスの理論解は次式のとおりであり，式 (8.9) と約 3 % の差がみられる．

$$C_f = 1.328\sqrt{\nu/Ul} \tag{8.10}$$

8.1 境界層

例題 8.1 プラントルの速度分布の式 (8.7) から式 (8.9) を導け.

解. 運動量厚さ θ は，式 (8.2) に式 (8.7) を代入し

$$\theta = \int_0^\delta \left\{ \frac{3}{2}\left(\frac{y}{\delta}\right) - \frac{1}{2}\left(\frac{y}{\delta}\right)^3 \right\}\left\{ 1 - \frac{3}{2}\left(\frac{y}{\delta}\right) + \frac{1}{2}\left(\frac{y}{\delta}\right)^3 \right\} dy = \frac{39}{280}\delta$$

せん断応力 τ_w は

$$\tau_w = \mu \left(\frac{\partial u}{\partial y}\right)_{y=0} = \frac{3\mu U}{2\delta}$$

以上を運動量方程式 (8.6) に代入して，整理すると

$$\frac{d\delta}{dx} = \frac{140\nu}{13 U \delta}$$

これを，$x=0$ で $\delta=0$ の境界条件の下に解くと

$$\delta = \sqrt{\frac{280}{13}}\sqrt{\frac{\nu x}{U}} = 4.64\sqrt{\frac{\nu x}{U}}$$

となり，式 (8.8) が得られる．この結果を τ_w の式に代入し，x で積分する．

$$C_f = \frac{1}{\rho U^2 l/2}\int_0^l \tau_w dx = 3\sqrt{\frac{13}{70}}\sqrt{\frac{\nu}{Ul}} = 1.293\sqrt{\frac{\nu}{Ul}}$$

よって，式 (8.9) が得られた.

(2) 乱流境界層

乱流境界層の場合には，解析的な取り扱いは不可能であり，実験に依存する部分が多い．乱流境界層は壁面あらさの影響を受けるが，ここではなめらかな平板について説明する．

代表的な速度分布の仮定として，円管内流れと同様に，**指数法則**(power law)がある．特に 1/7 乗則がよく使われ

$$\frac{u}{U} = \left(\frac{y}{\delta}\right)^{\frac{1}{7}} \qquad (8.11)$$

このとき，壁面せん断応力 τ_w に対しては次のブラジウス(Blasius)の経験式を用いる．

$$\tau_w = 0.0225 \rho U^2 \left(\frac{\nu}{U\delta}\right)^{\frac{1}{4}} \qquad (8.12)$$

式 (8.11) と式 (8.12) を運動量方程式の式 (8.6) に代入して解く．層流境界層の領域が短く，平板先端から乱流境界層であるとみなし，$x=0$ で $\delta=0$ とすれば

$$\delta = 0.37 x \left(\frac{\nu}{Ux}\right)^{\frac{1}{5}} \propto x^{\frac{4}{5}} \tag{8.13}$$

さらに，摩擦抗力係数 C_f は次のようになる．

$$C_f = \frac{D_f}{\rho U^2 l/2} = 0.074 \left(\frac{\nu}{Ul}\right)^{\frac{1}{5}} \tag{8.14}$$

ここで，係数 0.074 は実験的に修正された値であり，式 (8.13) は $Re_l = Ul/\nu = 5 \times 10^5 \sim 10^7$ の範囲で実験とよく一致する．

さらに平板に沿う乱流境界層では，円管内流れの場合 (7.2.2 参照) と同様に**壁法則** (wall law) が成り立つ．**摩擦速度** (friction velocity) を $u_* = \sqrt{\tau_w/\rho}$ として

(i) $u_* y/\nu < 5$ のとき，**粘性底層**となり

$$u/u_* = u_* y/\nu \tag{8.15}$$

(ii) $5 < u_* y/\nu < 70$ のとき，遷移層となり

$$\frac{1}{(u/u_*)^2} = \frac{1}{(u_* y/\nu)^2} + \frac{0.030}{\{\log_{10}(9.05 u_* y/\nu)\}^2} \tag{8.16}$$

(iii) $70 < u_* y/\nu < 10^3$ のとき，次の対数法則が成り立ち，**内層** (inner layer) とよばれる．

$$\frac{u}{u_*} = 5.75 \log_{10} \frac{u_* y}{\nu} + 5.5 \tag{8.17}$$

(iv) $10^3 < u_* y/\nu$ のとき，乱れの間欠性がみられ，対数法則 (式 (8.17)) が成り立たなくなり，**外層** (outer layer) とよばれる．

対数法則 (式 (8.17)) を用いると，摩擦抗力係数 C_f は次式となる．

$$C_f = \frac{0.455}{\{\log_{10}(Ul/\nu)\}^{2.58}} \tag{8.18}$$

この式は $Re_l = Ul/\nu = 10^9$ 程度まで実験とよく一致する．

以上の摩擦抗力係数に関する経験式と実験値を図 8.6 にまとめる．

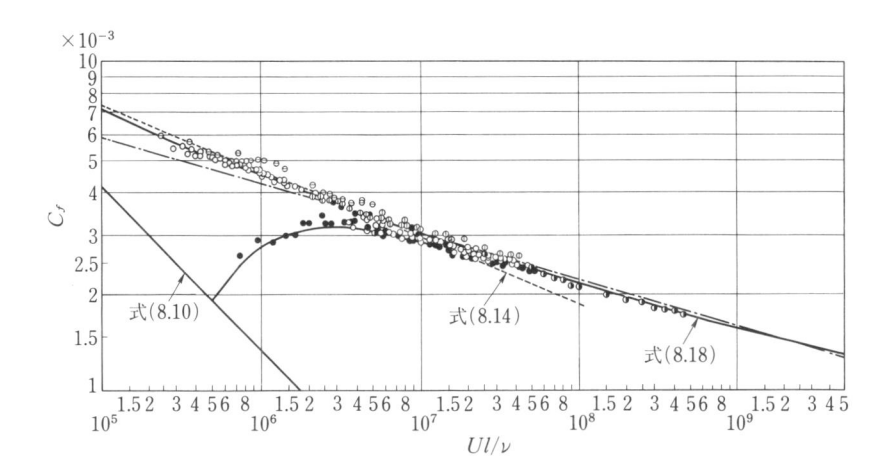

図 8.6 平板の摩擦抵抗係数
(「機械工学便覧 新版 A5編 流体工学」, p. A5-47)

8.1.4 境界層のはく離

　流れは下流に向かって圧力が上昇しているとき，壁面からはがれ，逆流を生じることがある．このような現象を**はく離**(separation)，流れがはがれ始める点を**はく離点**という．ここでは，流れのはく離が起こる条件を検討してみる．
　壁面上で境界層方程式をたてることにすれば，式 (8.3) に $u=v=0$ を代入し，整理すると

$$\left(\frac{\partial^2 u}{\partial y^2}\right)_{y=0} = \frac{1}{\rho\nu}\frac{dp}{dx} = \frac{1}{\mu}\frac{dp}{dx} \tag{8.19}$$

ここで，μ は流体の粘度である．また，圧力 p はほぼ x の関数となるので $\partial p/\partial x = dp/dx$ とした．まず，下流に向かって圧力が減少している場合，つまり狭まり流れのように流れが増速していく場合を考える．$dp/dx<0$ であるので，$(\partial^2 u/\partial y^2)_{y=0}<0$ となる．これは，速度 $u(y)$ の分布が x 軸の正の向きに凸であることを表しており，図 8.7(a) のような速度分布になる．このとき，速度 u が負になることはなく（逆流することはなく），はく離は起こらない．
　次に，下流に向かって圧力が増加している場合，つまり広がり流れのように流れが減速していく場合を考える．$dp/dx>0$，$(\partial^2 u/\partial y^2)_{y=0}>0$ となる．速度分

布は壁面付近でx軸の負の向きに凸となり，図8.7(b)のように$u<0$（逆流）となる領域が発生する可能性を示している．つまり，必ず逆流するわけではないが，逆流するための必要条件となる．したがって，広がり流れでは流れが不安定となり，はく離しやすいことがわかる．

(a) はく離していない場合

(b) はく離している場合

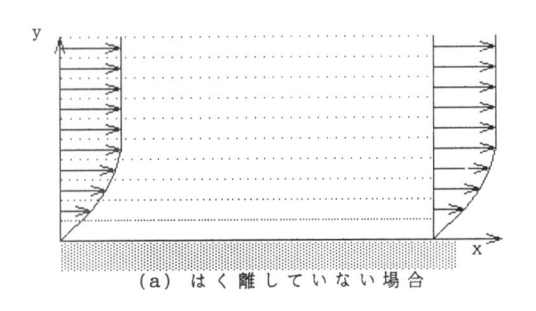

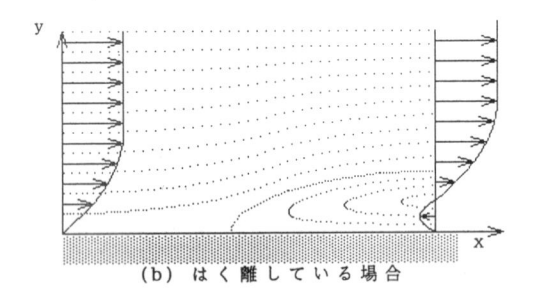

図 8.7 境界層のはく離

8.2 流れの中の物体に働く力

流れの中に置かれた物体，あるいは流体中を運動する物体は，流体から力を受ける．これらの力や運動への影響について学ぶ．

8.2.1 抗力と揚力

流れの中に置かれた物体に働く力を考える．物体に働く力のうち，流れに平行な成分を**抗力**（drag），垂直な成分を**揚力**（lift）という．

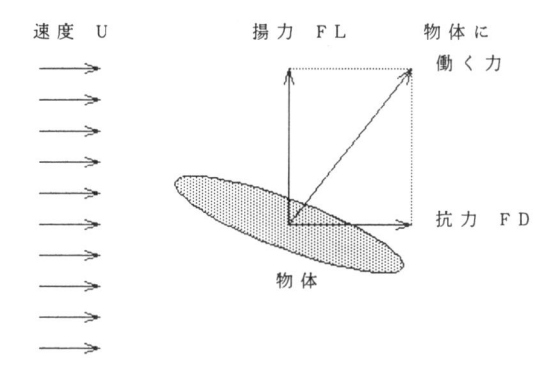

図8.8 一様流中の物体

　図8.8のように，速度Uの一様流中に置かれた物体に働く抗力をF_D，揚力をF_Lとする．これらの力は次のように表現される．

$$F_D = C_D \rho U^2 S / 2 \tag{8.20}$$

$$F_L = C_L \rho U^2 S / 2 \tag{8.21}$$

ここで，ρは流体の密度，C_Dは**抗力係数**(drag coefficient)，C_Lは**揚力係数**(lift coefficient)，Sは基準面積とよばれている．C_D，C_Lはそれぞれ物体形状，表面あらさとレイノルズ数によって定まる値である（円柱については8.2.2を参照）．Sは，通常，上流側から見た投影面積を用いる．

　これらの力は，物体表面に働く圧力と壁面せん断応力によるもので，それぞれをベクトルとして（働く方向を考慮して）面積分すれば求めることができる．抗力はその発生原因から，壁面せん断応力による**摩擦抗力**(frictional drag)と圧力による**圧力抗力**(pressure drag)とに分けて考える場合がある．流れに平行な平板には摩擦抗力しか働かない．一般の物体では，レイノルズ数Re（$= UL/\nu$；Lは代表長さ）がある程度大きい場合には，圧力抗力が支配的になることが知られている．

　物体が決っていれば，C_D，C_Lはレイノルズ数Reの関数となるが，それぞれあるレイノルズ数の範囲ではほぼ一定の値となることが多い．これは圧力によって働く力が支配的なときであり，圧力が速度の2乗に関係している（動圧 $= \rho U^2 / 2$）ことによる．

8.2.2 円柱まわりの流れ

物体まわりの流れの代表例として，円柱まわりの流れを考える．まず，理想流体と実在流体における流れの相違を図8.9に示す．

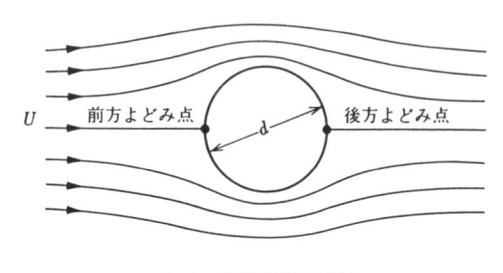

(a) 理想流体の場合

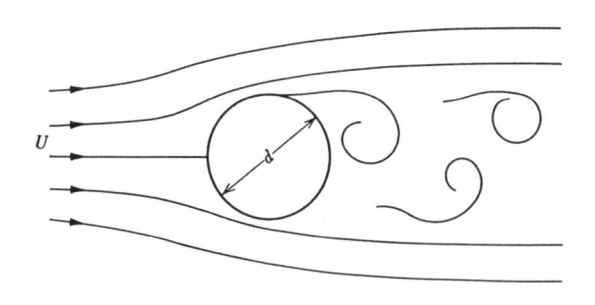

(b) 実在流体の場合

図8.9 円柱まわりの流れ

図8.9(a)の理想流体の場合には，流線および圧力分布は上流と下流とで対称になる(6.3(6)参照)．粘性がない(粘度 $\mu=0$)ので，壁面せん断応力は働かない．したがって，圧力抗力，摩擦抗力ともに0となり，抗力は働かない(ダランベールの背理)．

これに対して図8.9(b)の実在流体では上流と下流とで対称とはならず，物体は抗力を受ける．多くの場合，流れのはく離が起こり，その後方に大きなうずをともなった複雑な流れができる．特に，交互非対称に周期的なうずが発生し，次々に下流に流れていく場合があり，これを**カルマンうず列** (Kármán vortex street) という（8.3 参照）．

　流速 U の一様流の中に直径 d の円柱が置かれているとき，円柱表面の圧力分布は図8.10のようになる．図のたて軸は次式で定義される**圧力係数**（pressure

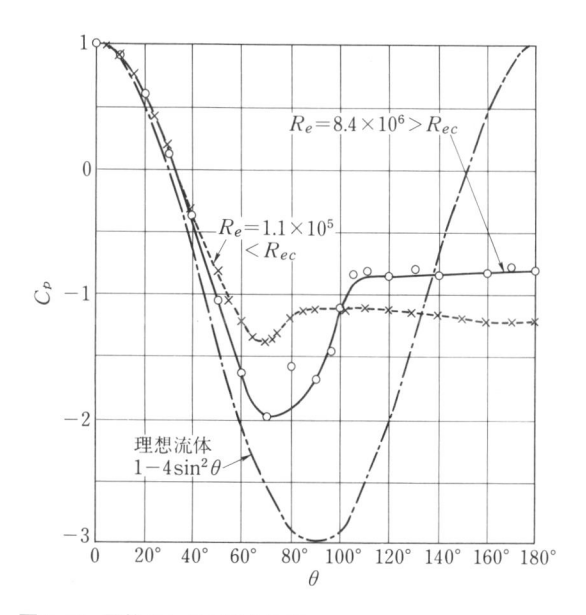

図 8.10 円柱まわりの圧力分布
（「機械工学便覧 新版 A5編 流体工学」, p. A5-97）

coefficient) C_p，横軸は上流側から測った角度 θ である．

$$C_p = \frac{p - p_0}{\rho U^2 / 2} \tag{8.22}$$

ここで，p は角度 θ の位置における円柱表面の圧力，p_0 は無限遠における圧力である．図8.10において，理想流体は次式のサイン・カーブである（例題6.2および演習問題6(3)参照）．

$$C_p = 1 - 4\sin^2\theta \tag{8.23}$$

$Re = Ud/\nu = 1.1 \times 10^5$ では，$\theta \fallingdotseq 70°$ で最小圧力となり，$\theta \fallingdotseq 80°$ で境界層がはく離し，それ以降はほぼ一定の圧力となっている．この場合，境界層が層流であるので層流はく離とよばれる．$Re = 8.4 \times 10^6$ では，$\theta \fallingdotseq 90°$ で境界層が乱流に遷

移し，$\theta \fallingdotseq 103°$ ではく離（この場合は乱流はく離）し，それ以降はほぼ一定圧力となっている．一般に，乱流はく離の方が層流はく離よりもはく離点が後方に移り，はく離域の圧力が大きく，抗力は小さくなる．

抗力係数 C_D はレイノルズ数 $Re(=Ud/\nu)$ の関数となり，図 8.11 は十分長い円柱 ($l>100d$；l は円柱の長さ) の抗力係数を示したものである．ただし，基準面積は $S=ld$ である．$Re \lesssim 1$ のとき C_D は $1/Re$ に比例する減少関数となっている．$Re=10^3 \sim 2 \times 10^5$ の範囲では，$C_D=1.0 \sim 1.2$ でほぼ一定値となる．$Re \fallingdotseq 4 \times 10^5$（円柱まわりの流れの臨界レイノルズ数）では急激に C_D が減少し，$C_D \fallingdotseq 0.3$ となっている．これは境界層が乱流に遷移を始めたものであり，これ以下のレイノルズ数の範囲を亜臨界域，これ以上を超臨界域という．

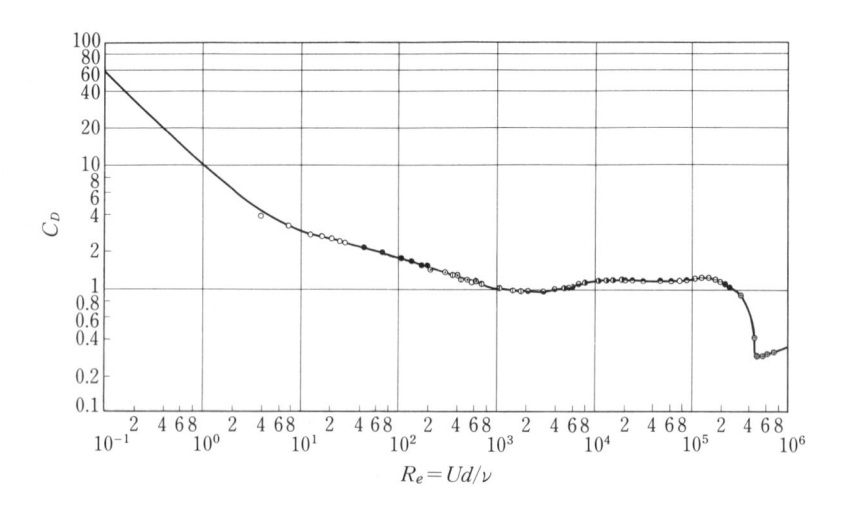

図 8.11 円柱の抗力係数

(H. Schlichting "Boundary-Layer Theory (6th Edition)", 1968, McGraw-Hill, p. 17)

> **例題 8.2** 10°C, 1 気圧の空気 (密度 1.247 kg/m³, 動粘度 1.410×10⁻⁵m²/s) が風速 20.0 m/s で流れている中で, 流れと直角に直径 10.0 mm の電線が張られている. 長さ 1 m あたりに働く抗力を求めよ.

解. レイノルズ数は, $Re = 1.418 \times 10^4$ となり, 図 8.11 から抗力係数は, $C_D = 1.2$ と読み取れる. したがって, 式 (8.20) から, $F_D = 3.0$ N.

8.2.3 流体中の物体の運動

まず, 流体中での物体の落下運動を考える. 物体は重力, 流体からの抗力, および浮力を受ける (図 8.12). このときの運動方程式は次のとおりである.

抗力 FD
($= C_D \rho U^2 S / 2$)

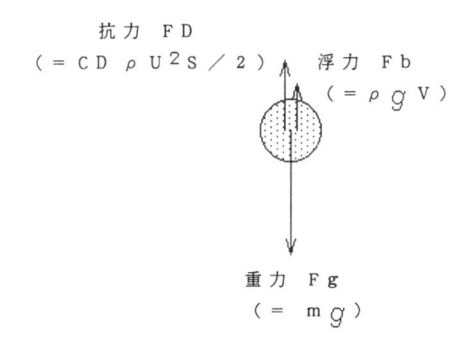

浮力 Fb
($= \rho g V$)

重力 Fg
($= mg$)

図 8.12 流体中の落下運動

$$m\frac{dU}{dt} = mg - \rho g V - C_D \rho U^2 S / 2 \tag{8.24}$$

ここで, m は物体の質量, V は体積, ρ は流体の密度, C_D は抗力係数, U は物体の落下速度, S は基準面積である. 真空中では速度は無限に大きくなるが, 粘性流体中では式 (8.24) の右辺が 0 になる速度までしか加速しないことになる. このときの速度を終端速度という.

ここで, 直径 d の球の場合について式 (8.24) を解くことにする. 基準面積は $S = \pi d^2 / 4$, レイノルズ数は $Re = Ud/\nu$ である.

124   8. 物体まわりの流れ

(ⅰ) 抗力が速度に比例する場合

　レイノルズ数が非常に小さいとき（$Re<1$），粘性力が慣性力に比べて支配的になり，ナビエ-ストークスの式の慣性項を無視できる（ストークス近似）．抗力は速度Uに比例し，抗力係数は次のように$1/Re$に比例する．

$$C_D = 24/Re \tag{8.25}$$

これを式（8.24）に代入して，$t=0$で$U=0$の初期条件の下に解くと

$$U = U_\infty(1-e^{-at}) \tag{8.26}$$

ここで，U_∞は終端速度であり，$U_\infty=(gd^2/18\nu)(m/\rho V-1)$，$a=3\rho\nu\pi d/m$である．図8.13のように，速度$U$は終端速度$U_\infty$に漸近する．

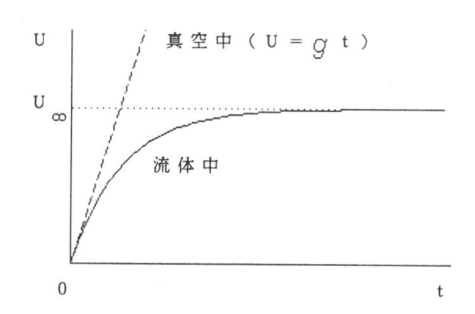

図8.13　落下速度の時間変化
（抗力が速度に比例する場合）

(ⅱ) 抗力が速度の二乗に比例する場合

　レイノルズ数がある程度の大きさになると，抗力係数C_Dがほぼ一定となり，抗力が速度の二乗に比例するようになる．そこで，C_Dを一定として式（8.24）を解くと次式となる．

$$U = U_\infty \frac{1-e^{-bt}}{1+e^{-bt}} \tag{8.27}$$

ここで，$U_\infty=\sqrt{(8mg/C_D\rho\pi d^2)(1-\rho V/m)}$，$b=\sqrt{(C_D\rho g\pi d^2/2m)(1-\rho V/m)}$である．やはり，速度$U$は終端速度$U_\infty$に漸近していく．

　次に，流体中で物体が放物運動する場合を考える．物体はもっとも基本的な形状として球とし，放物運動の軌跡の一例を図8.14に示す．真空中を運動する

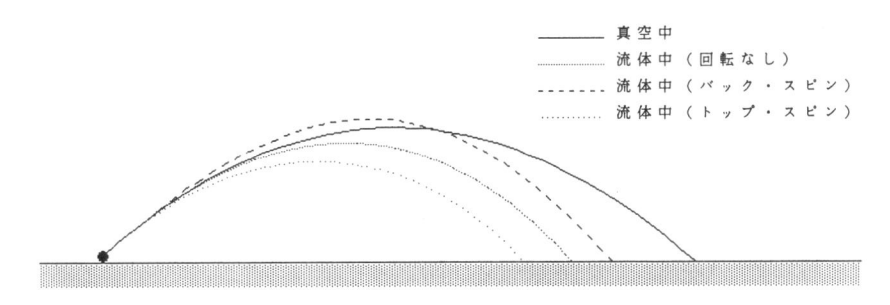

図 8.14　流体中の放物運動

ときは抵抗は働かず，完全な放物線を描く．球が回転しているときは，運動と直角方向に揚力を受ける（マグナス効果）．

例題 8.3　式 (8.26) を導け．

解．　式 (8.25) を式 (8.24) に代入して，整理すると
$$dU/dt = b - aU$$
ここで，$b=(1-\rho V/m)g$, $a=3\rho\nu\pi d/m$ である．これを，$t=0$ で $U=0$ の初期条件の下に解くと
$$U = (b/a)(1 - e^{-at})$$
$U_\infty = b/a$ とおけば，式 (8.26) となる．

8.3　カルマンうず列

物体まわりの流れでは境界層がはく離し，交互非対称に周期的にうずが発生し，次々と下流に流れていく場合があり，これを**カルマンうず列**ということは前に述べた．カルマンうずが発生すると揚力と抗力が周期的に変動し，その結果物体が振動したり，音を発生したりすることがある．

一様流の流速を U，代表長さを L，カルマンうずの発生周波数を f として，次のように**ストローハル数** (Strouhal number) S_t という無次元量を定義す

る.

$$S_t = f L/U \tag{8.28}$$

ストローハル数は物体形状とレイノルズ数によって定まるが,一般にレイノルズ数の広い範囲でほぼ一定値となる.

例として円柱まわりの流れのストローハル数を図 8.15 に示す.ここで,円柱

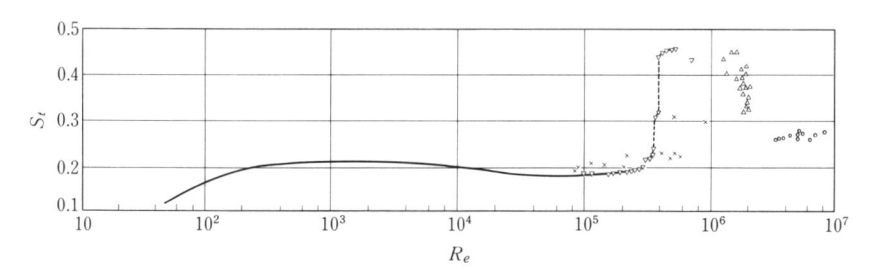

図 8.15 円柱のストローハル数
(「機械工学便覧 新版 A 5 編 流体工学」,p. A5-99)

直径 d を代表長さとして,$S_t = fd/U$,$Re = Ud/\nu$ である.$Re = 10^3 \sim 2 \times 10^5$ のとき,$S_t = 0.18 \sim 0.21$ とほぼ一定値になり,抗力係数 C_D がほぼ一定値となることと対応している.境界層が乱流に遷移する $Re \fallingdotseq 4 \times 10^5$(臨界レイノルズ数)で,$S_t \fallingdotseq 0.45$ と急変する.$Re > 3.5 \times 10^6$(極超臨界域という)では,$S_t = 0.26 \sim 0.28$ で再び安定する.

演習問題 8

(1) ポールハウゼン(Pohlhausen)は層流境界層内の速度分布を
 $$u/U = a\eta + b\eta^2 + c\eta^3 + d\eta^4 \quad (\eta = y/\delta)$$
 で近似した.$y=0$ で $\partial^2 u/\partial y^2 = 0$,$y=\delta$ で $u=U$,$\partial u/\partial y = 0$,$\partial^2 u/\partial y^2 = 0$ を満足するように定数 a,b,c,d を定めよ.
(2) 前問の結果を使って,長さ l の平板の片面に働く摩擦抗力の摩擦抗力係数を求めよ.

(3) 20℃の水(密度 998.2 kg/m³, 動粘度 1.004×10^{-6} m²/s)の中で平板を 15 m/s で運動させる. 平板の運動方向の長さが 2 m, 運動と直角方向の幅を 2 m とするとき, 平板の裏表に作用する摩擦抗力の合計を求めよ.

(4) 式 (8.27) を導け.

(5) 20℃, 1 気圧の空気中 (密度 1.205 kg/m³, 動粘度 1.501×10^{-5} m²/s) で雨が降っている. 直径 0.1 mm の雨滴の落下速度を求めよ. ただし, 雨滴は球形の剛体とみなすものとする. また, レイノルズ数は十分小さく, 式 (8.25) が適用できるものとする.

9. 運動量の法則

　ロケットやジェットエンジンのように，後方に勢いよく流体を吹き出すとその反作用として推進力を発生することができる．また，ホースで水を勢いよく壁にあてると，壁は水から力を受ける．

　このときの流れと力の関係は，運動量の法則によって説明することができる．つまり，ニュートンの運動法則にしたがって，流体の運動量変化は流体に働く力に等しくなる．本章では，このような運動量の法則，さらに角運動量の法則について学ぶ．

9.1 運動量の法則

質点の力学では，質量 m の物体の速度を $\boldsymbol{v}$，作用する外力を $\boldsymbol{F}$ とすれば

$$\boldsymbol{F} = \frac{d}{dt}(m\boldsymbol{v}) \tag{9.1}$$

というニュートンの第2法則が成り立つ．これは，運動量 $m\boldsymbol{v}$ の時間的変化が作用する力に等しいことを示している．この法則を流体の運動にも適用してみよう．

図9.1の流れについて運動量の時間的変化を考える．流体は非圧縮性であり，

断面積　A2
速度　　v2

断面積　A1
速度　　v1

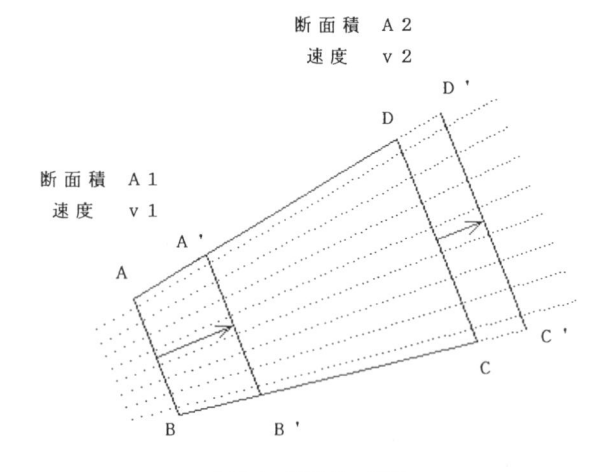

図9.1　運動量の法則

密度を ρ とする．断面 AB では速度 $\boldsymbol{v}_1$，断面積 A_1，断面 CD では $\boldsymbol{v}_2$, A_2 とする．流量は $Q = A_1|\boldsymbol{v}_1| = A_2|\boldsymbol{v}_2|$ である．ABCD の領域にあった流体は，微小時間 Δt の間に A'B'C'D' へ移動し，断面 AB および CD を通過した流体の質量はそれぞれ $\rho Q \Delta t$ である．

領域 ABCD にあった流体の運動量の変化は次のようになる．ABB'A' の運動量 $\rho Q \boldsymbol{v}_1 \Delta t$ は失われ，CDD'C' の運動量 $\rho Q \boldsymbol{v}_2 \Delta t$ は増加したことになる．したが

って，両者の差を時間 Δt で割ったものが，単位時間あたりの運動量変化であり，流体に働く力 F に等しくなる．つまり

$$F = \rho Q v_2 - \rho Q v_1 \tag{9.2}$$

これを**運動量の式**という．また，対象として考えた領域を取り囲む境界面を**検査面** (control surface) という．

9.2 運動量の法則の応用

運動量の式の特徴は，検査面を通過して流出入する流体の運動量と作用する力だけを考えればよく，内部の流れの状態はまったく考慮しなくてもよいということである．したがって，さまざまな問題を比較的簡単に解くことができる．

(1) 静止平面に働く噴流の力

図 9.2 のように速度 v の噴流 (jet) が静止している平板に垂直にあたっている．流体の密度を ρ，流量を Q として，運動量の法則により平板に働く力を求める．

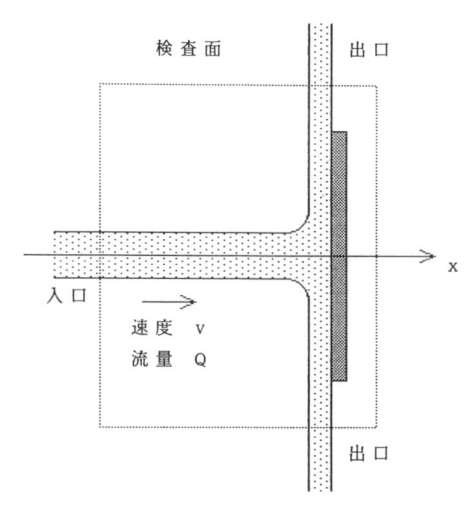

図 9.2 静止平面にあたる噴流

検査面と座標を図のようにとると，平板に働く力はx軸方向になるので，x方向の運動量について考える．入口では，質量流量がρQであり，単位時間あたりに流入する流体のx方向運動量はρQvである．出口では，流れのx方向成分はなく，x方向運動量は0である．平板に働く力をFとすれば，流体に働く力はこの反作用で$-F$となる．以上の関係を式(9.2)に代入して，次式の結果を得る．

$$F = \rho Qv \tag{9.3}$$

例題 9.1 図9.3のように流速vの噴流が円板に垂直にあたっている．円板が噴流に比べて十分大きくはない場合，流体はななめに流出する．流出角度をθ，流量をQ，流体の密度をρとするとき，円板に働く力Fを求めよ．

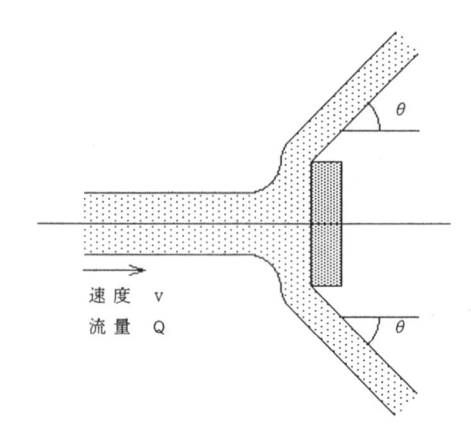

図9.3 円板にあたる噴流

解． 噴流の方向をx軸として，運動量の式をたてる．流入側の運動量はρQv，流出側ではx方向成分は$\rho Qv\cos\theta$である．したがって
$$F = \rho Qv(1-\cos\theta)$$

(2) 静止曲面に働く噴流の力

図9.4のように速度vの噴流が静止している曲面にあたっている．流体の密

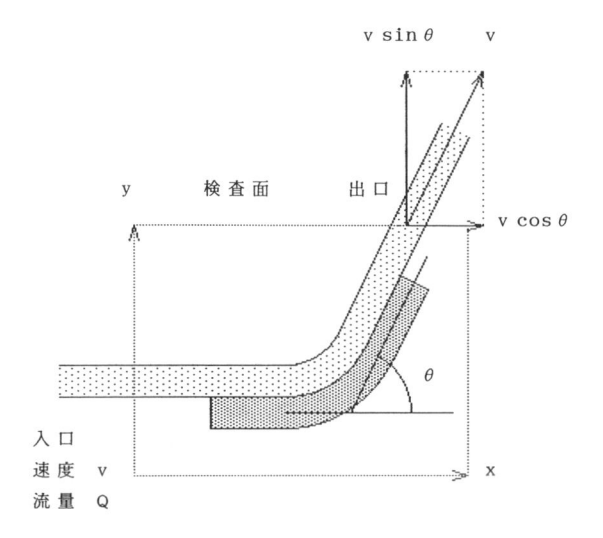

図9.4 静止曲面にあたる噴流

度を ρ, 流量を Q, 流出時の流れの角度を θ とする．

検査面と座標を図のようにとる．入口では，単位時間あたりに流入する流体の x 方向運動量は $\rho Q v$, y 方向運動量は 0 である．一方，出口では，x 方向運動量は $\rho Q v \cos\theta$, y 方向運動量は $\rho Q v \sin\theta$ である．曲面に働く力を $\boldsymbol{F}$, その x 方向, y 方向の成分をそれぞれ F_x, F_y とすると，流体に働く力はこれらの反作用である．以上の関係を運動量の式（9.2）に代入して，次の結果を得る．

$$F_x = \rho Q v (1 - \cos\theta) \tag{9.4}$$

$$F_y = -\rho Q v \sin\theta \tag{9.5}$$

F_y はマイナスとなっているが，これは y 軸の負の向きであることを意味している．壁面に働く力の大きさ F は，F_x と F_y を合成すればよく

$$F = |\boldsymbol{F}| = \sqrt{F_x^2 + F_y^2} = 2\rho Q v \sin(\theta/2) \tag{9.6}$$

（3） 傾斜平面に働く噴流の力

図9.5のように速度 v の噴流に対して角度 θ で平板が置かれている．流量 Q は Q_1 と Q_2 に分かれて流出している．運動量の法則から，平板に働く力と流量配分が求められる．

9. 運動量の法則

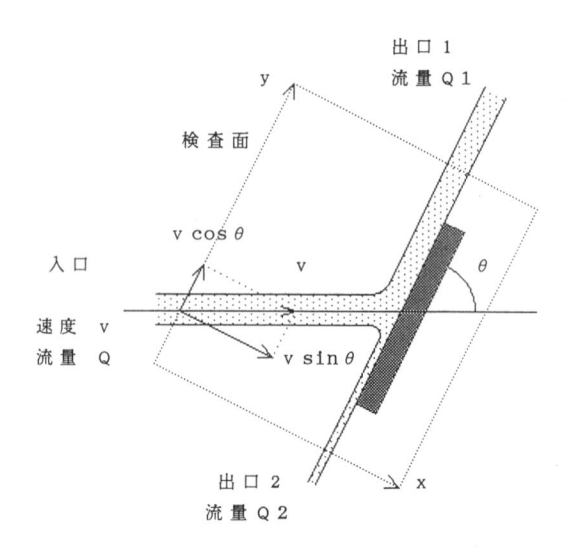

図9.5 傾斜平面にあたる噴流

平板に垂直な方向に x 軸, 平行な方向に y 軸をとり, 図のように検査面を定める. 出口は, それぞれ出口1, 出口2とする. x 方向の運動量は, 入口で $\rho Q v \sin \theta$, 出口1で0, 出口2で0である. 平板に働く圧力は平板に垂直であり, それらの合力として平板に働く力も平板に垂直 (x軸方向) となる. その力を F とすれば, 式 (9.2) から

$$F = \rho Q v \sin \theta \tag{9.7}$$

次に y 方向の運動量は, 入口で $\rho Q v \cos \theta$, 出口1で $\rho Q_1 v$, 出口2で $-\rho Q_2 v$ である. 平板には y 方向の力が働かないことから, 流体に働く力の y 方向成分は0である. したがって, 式 (9.2) は

$$\rho Q_1 v - \rho Q_2 v - \rho Q v \cos \theta = 0 \tag{9.8}$$

一方, 連続の式から

$$Q = Q_1 + Q_2 \tag{9.9}$$

式 (9.8) と式 (9.9) を連立して解くと, 次のように流量配分が求まる.

$$Q_1 = (1 + \cos \theta) Q / 2$$
$$Q_2 = (1 - \cos \theta) Q / 2 \tag{9.10}$$

(4) 運動平面に働く噴流の力

図9.6のように速度Uの噴流が，同じ方向に速度$V(U>V)$で運動している

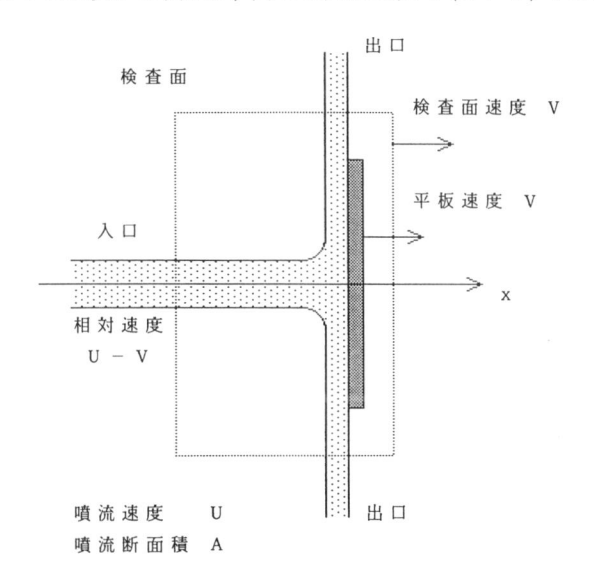

図9.6 運動平面にあたる噴流

平板に垂直にあたっている．噴流の断面積をAとする．

図のように座標と検査面を設定し，検査面は平板と同じ速度Vで動かすものとする．検査面への流入速度は$U-V$，流入流量は$A(U-V)$である．したがって，その相対運動量は$\rho A(U-V)^2$となる．平板が噴流の断面積Aに比べてある程度大きければ，出口では相対速度は平板に沿って流出し，x軸に垂直になる．よって，出口ではx方向運動量は0である．平板に働く力をFとすれば，式 (9.2) から次の結果を得る．

$$F = \rho A(U-V)^2 \tag{9.11}$$

運動している物体を対象とする場合には，このように物体と同じ速度で運動する検査面を設定し，相対速度で運動量を考えればよい．

(5) 急拡大管の損失

図9.7に示す急拡大管の損失（7.4(1)参照）を運動量の法則で求める．

136　9. 運動量の法則

```
平均流速  V1
圧力      p1
断面積    A1
```

                                V2
                                p2
                                A2

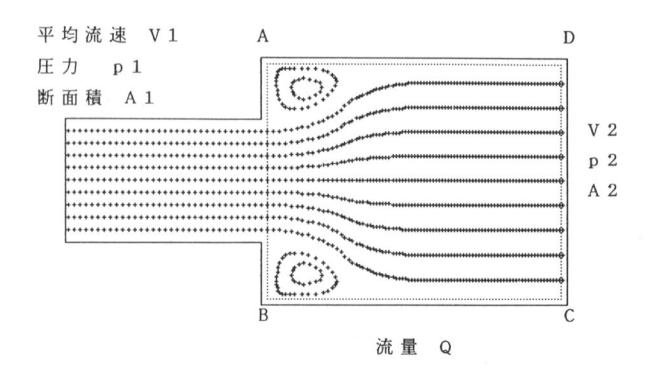

流量　Q

図9.7　急拡大管内の流れ

　上流側の平均流速を v_1, 圧力を p_1, 断面積を A_1, 下流側を v_2, p_2, A_2 とする. さらに, 流量を Q, 密度を ρ とする. 図の ABCD を検査面とすれば, AB 側では流体の圧力は p_1, 壁面上の圧力も p_1, CD 側では流体の圧力は p_2 である. よって, 流体に働く x 方向の力は $(p_1-p_2)A_2$ となる. 入口から流入する運動量は $\rho Q v_1$, 出口では $\rho Q v_2$ であり, 運動量の式(9.2) は

$$\rho Q v_2 - \rho Q v_1 = (p_1 - p_2)A_2 \tag{9.12}$$

損失ヘッドを Δh とすれば, 式 (4.5) のエネルギーの式は

$$\frac{p_1}{\rho g} + \frac{v_1^2}{2g} = \frac{p_2}{\rho g} + \frac{v_2^2}{2g} + \Delta h \tag{9.13}$$

式 (9.12), 式 (9.13) および連続の式 (4.1) から, 次のように Δh が求まる (式 (7.32)).

$$\Delta h = \frac{(v_1-v_2)^2}{2g} = \left(1 - \frac{A_1}{A_2}\right)^2 \frac{v_1^2}{2g} \tag{9.14}$$

(6) ジェットエンジンの推力

　ジェットエンジンは, 吸入した空気と燃料を燃焼させ, 燃焼ガスを高速で後方に噴出することによって推力を発生させている (図9.8). 入口で流体密度を ρ_1, 平均流速を v_1, 断面積を A_1, 出口で ρ_2, v_2, A_2 とする. 流体に作用する力を F とすれば, 式 (9.2) は

$$F = \rho_2 A_2 v_2^2 - \rho_1 A_1 v_1^2 \tag{9.15}$$

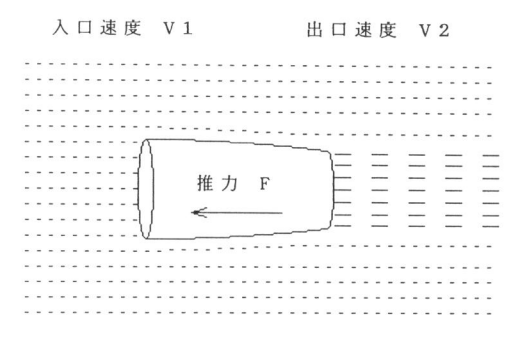

```
                9.3 角運動量の法則    137

        入口速度 V1      出口速度 V2
```

図9.8 ジェットエンジン

この反作用としてエンジンは前向きに力Fを受け，これが推力となる．

ロケットの場合には吸入側がなく，式 (9.15) の右辺第2項が消える．

9.3 角運動量の法則

　角運動量と流体に働くモーメントについても，運動量の法則と同様の関係が成り立つ．

　図9.9において，点Oを中心としてABCDの領域の角運動量の時間的変化を考える．流体は微小時間 Δt の間に A'B'C'D' へ移動したものとする．ABでは流速 v_1，円周方向と速度のなす角 α_1，断面積 A_1，点Oからの半径 R_1，CDでは v_2, α_2, A_2, R_2 である．流体の密度を ρ，流量を Q とすれば，Δt の間にABおよびCDを通過した質量はそれぞれ $\rho Q \Delta t$ である．

　流体の角運動量の変化は，ABB'A' の角運動量 $\rho Q v_1 R_1 \cos \alpha_1 \cdot \Delta t$ は失われ，CDD'C' の角運動量 $\rho Q v_2 R_2 \cos \alpha_2 \cdot \Delta t$ は増加した．この両者の差を時間 Δt で割ると角運動量の時間変化率が求められ，これが流体に働くモーメント T に等しくなる．つまり

$$T = \rho Q (v_2 R_2 \cos \alpha_2 - v_1 R_1 \cos \alpha_1) \tag{9.16}$$

これを**角運動量の式**という．

138   9. 運動量の法則

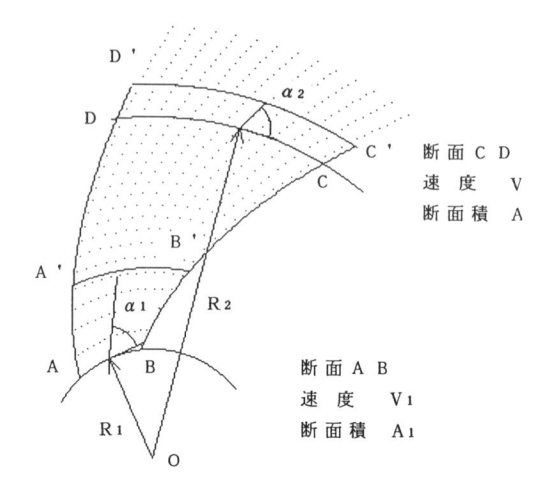

図9.9　角運動量の法則

9.4　角運動量の法則の応用

　羽根車を回転させて，流体のエネルギーと機械的エネルギーとの変換を行うものが，ターボ機械である．その中で，図9.10のように流体を半径方向に流す

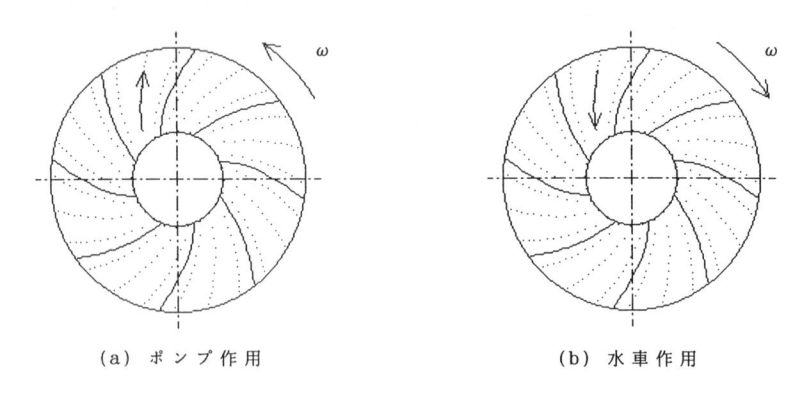

(a) ポンプ作用　　　　　　(b) 水車作用

図9.10　遠心ターボ機械

9.4 角運動量の法則の応用

タイプを遠心ターボ機械という．ここでは，角運動量の法則を使って遠心ターボ機械の原理を考えてみる．

図 9.10(a) では，羽根車が反時計まわりに回転し，流体は内側から外側へ流れている．このとき，軸動力は流体のエネルギーに変換され，ポンプ作用となる．入口側で半径 R_1，流速 v_1，流入角（v_1 と円周方向のなす角）α_1，羽根車周速 u_1，出口側で R_2, v_2, α_2, u_2 とする．さらに，流体の密度を ρ，流量を Q とする．流体に働くトルクを T として，回転中心まわりの角運動量の式 (9.16) をたてると

$$T = \rho Q(v_2 R_2 \cos \alpha_2 - v_1 R_1 \cos \alpha_1) \tag{9.17}$$

損失がないものとすれば，これは羽根車に加えるべきトルクに一致する．ここで，軸の回転角速度を ω として式 (9.17) の両辺にかけると，必要な軸動力 L が求められる．

$$L = T\omega = \rho Q(v_2 u_2 \cos \alpha_2 - v_1 u_1 \cos \alpha_1) \tag{9.18}$$

これは，損失を無視したときの軸動力，つまり単位時間あたりに流体に供給されるエネルギーとなる．

一方，図 9.10(b) では，流体が外側から内側へ流れ，羽根車が時計まわりに回転している．このとき，流体のエネルギーの一部が軸動力に変換され，水車作用となる．外周側が入口となるので添字 1 で，内周側を 2 で表すことにする．流体に働くトルク T は，式 (9.16) から

$$T = \rho Q(v_2 R_2 \cos \alpha_2 - v_1 R_1 \cos \alpha_1) \tag{9.19}$$

トルク T はマイナスの値となり，この反作用として羽根車に働くトルクはプラス，つまり回転方向と同じ向きに作用する．したがって，羽根車は流体からエネルギーを受け取ることになる．このときの軸動力を L とすれば次式となる．

$$L = -T\omega = \rho Q(v_1 u_1 \cos \alpha_1 - v_2 u_2 \cos \alpha_2) \tag{9.20}$$

この軸動力で発電機をまわせば，流体のエネルギーを電力に変換することもできる．

例題 9.2 図 9.11 のような管が，点 O を中心に回転できるようになっており，流体は中心 O に流量 Q で供給され，半径 R の位置で接線方向へ流出している．出口面積は A，摩擦は作用しないものとして，管の回転角速度 ω を求めよ．

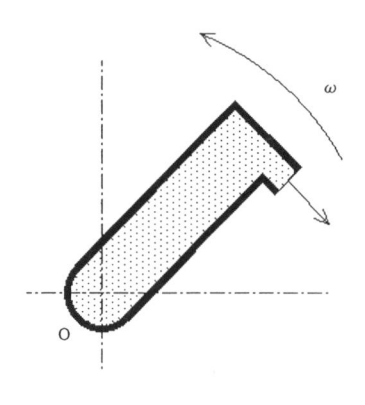

図 9.11 回転する管

解． 出口における流出速度は $w=Q/A$ である．ただし，これは管に対する相対速度であり，絶対速度 v は管の周速 $R\omega$ を差し引いた $v=Q/A-R\omega$ となる．定常で回転していれば，摩擦がないので管にも流体にもモーメントは働かない．したがって，出口の角運動量 ρQRv は入口と同じ 0 となり，$v=0$ であることがわかる．よって，$\omega=Q/AR$ となる．

演習問題　9

（1）水が速度 10.0 m/s，流量 20.0 l/s の噴流となって図 9.12 のように曲面にあたり，180° 向きを変えて流れている．曲面に働く力を求めよ．

（2）水槽の側面に面積 A の小孔があり，そこから中の液体が水平方向に流出している．液面から小孔までの深さを h，液体の密度を ρ とする．損失や縮流が起こらないものとして，水槽に加わる力の水平方向成分を求めよ．

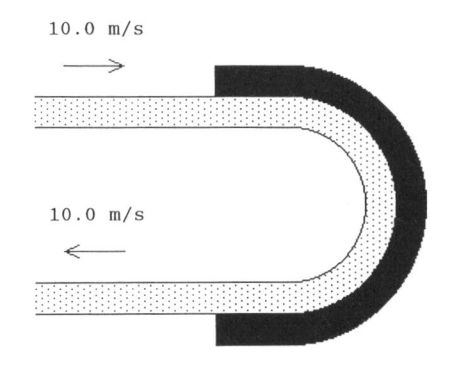

図9.12 曲面にあたる噴流

(3) 図9.13のように，水が5.00 m/sの噴流となって，同じ方向に速度2.00 m/sで運動している曲面にあたっている．噴流の断面は直径50.0 mmの円形であり，曲面の曲がり角は$\theta=30°$である．曲面が流体から受ける動力を求めよ．

(4) 図9.14の縮小管内を水が流れている．上流側の断面1では平均流速が10.0 m/s，圧力が200 kPa，内径が100 mmである．下流側の断面2では内径70 mmである．損失は無視できるものとして，縮小管に働く力を求めよ．

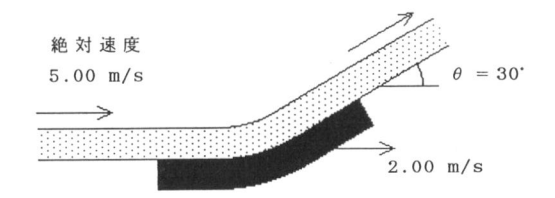

図9.13 運動曲面にあたる噴流

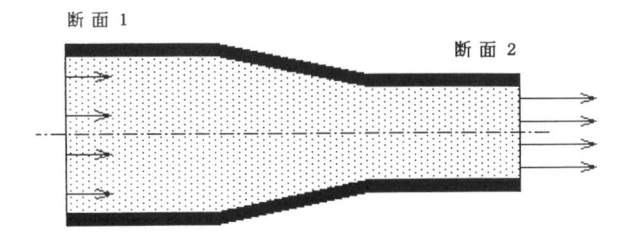

図9.14 縮小管内の流れ

10. 数値流体力学の基礎

　流れをしらべる方法のひとつは実験であり，これまでの多く研究が実験に依存してきた．一方，もうひとつの有力な方法としてコンピュータを使った数値流体力学がある．近年，コンピュータのめざましい発展と普及に加えて，計算手法の開発が進み，数値流体力学の応用範囲がますます広がっているのが現状である．
　本章では，このような数値流体力学の基礎として，ポテンシャル流れを対象に差分法および有限要素法について学ぶ．

10.1 ポテンシャル流れの基礎式

数値流体力学の入門として，もっとも基本的な**ポテンシャル流れ**を対象とすることにする．ポテンシャル流れとは，6.2節で説明したとおり，理想流体のうずなし流れである．

流れを二次元の場合に限定すれば，**速度ポテンシャル** ϕ を用いた基礎式は式(6.6)から次のラプラスの式となる．

$$\frac{\partial^2 \phi}{\partial x^2} + \frac{\partial^2 \phi}{\partial y^2} = 0 \tag{10.1}$$

この境界条件には，基本境界条件と自然境界条件の2種類がある．基本境界条件とは，境界上で未知量 ϕ の値を与えるものである．一方，自然境界条件とは，境界上で未知量の法線方向微分値 $\partial\phi/\partial n$（n は境界における法線方向座標）を与えるものである．すべての境界上で，それぞれいずれかの境界条件を与える必要がある．

また，**流れ関数** ψ を用いた基礎式は式(6.9)から次式となる．

$$\frac{\partial^2 \psi}{\partial x^2} + \frac{\partial^2 \psi}{\partial y^2} = 0 \tag{10.2}$$

これはラプラスの式であり，式(10.1)と同様の方法で解析できることになる．境界条件も，それぞれの境界上で基本境界条件（ψ を与える）か自然境界条件（$\partial\psi/\partial n$ を与える）のいずれかを指定すればよい．

以下，式(10.1)あるいは式(10.2)を数値的に解析する手法について述べる．なお，本書ではポテンシャル流れの解析にとどめておくが，ここで解説する差分法と有限要素法はもっとも代表的な解析方法であり，粘性流体解析にも適用できることを付記しておく．詳細は他の専門書にゆずることにする．

10.2 差分法

差分法 (Finite Difference Method, 略して FDM) によって, 二次元ポテンシャル流れを解析する方法を述べる. ここでは, 未知量として流れ関数 ψ を選び, 式 (10.2) を解くことにする.

10.2.1 解析方法

まず, 図10.1のように領域を大きさ h の等間隔メッシュに分割し, それぞれ

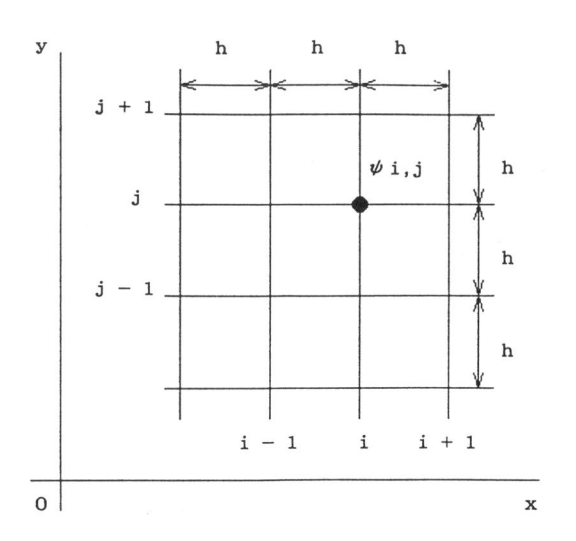

図 10.1 差分メッシュ

の格子点（線が交差する点）に対して, x 方向に番号 i, y 方向に j を付け, 格子点 (i, j) における関数 $\psi(x, y)$ の値を $\psi_{i,j}$ で表すことにする. メッシュの間隔 h が十分小さいとすれば, 偏微分は次のように差分近似できる.

$$\frac{\partial \psi}{\partial x} = \frac{\psi_{i+1,j} - \psi_{i,j}}{h}, \quad \frac{\partial \psi}{\partial y} = \frac{\psi_{i,j+1} - \psi_{i,j}}{h} \tag{10.3}$$

10. 数値流体力学の基礎

さらに2階の偏微分は次のように近似できる．

$$\frac{\partial^2 \psi}{\partial x^2} = \frac{1}{h}\left(\frac{\psi_{i+1,j}-\psi_{i,j}}{h} - \frac{\psi_{i,j}-\psi_{i-1,j}}{h}\right)$$

$$= \frac{1}{h^2}(\psi_{i+1,j} - 2\psi_{i,j} + \psi_{i-1,j}) \tag{10.4 a}$$

$$\frac{\partial^2 \psi}{\partial y^2} = \frac{1}{h^2}(\psi_{i,j+1} - 2\psi_{i,j} + \psi_{i,j-1}) \tag{10.4 b}$$

これらの関係を式 (10.2) に代入し整理すると，次式が得られる．

$$\psi_{i,j} = \frac{1}{4}(\psi_{i+1,j} + \psi_{i-1,j} + \psi_{i,j+1} + \psi_{i,j-1}) \tag{10.5}$$

これはラプラスの式の差分表示であり，ある点の関数値 $\psi_{i,j}$ がそのまわりの4点の関数値の平均となることを示している．ψ をたて軸にとり，三次元的に表示すると図10.2のようになり，ある点 (i, j) の高さがそのまわりの4点の高さの

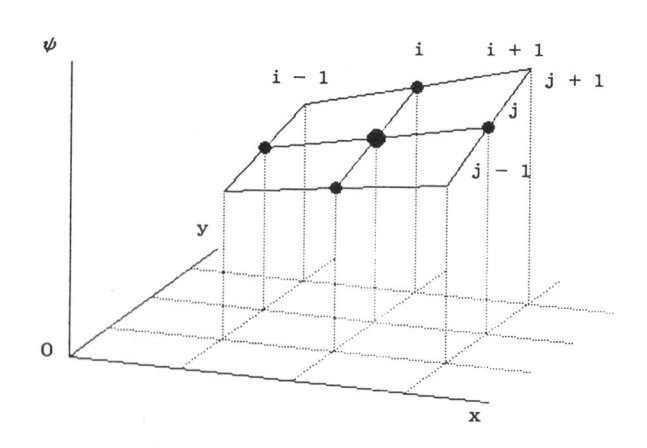

図10.2 ラプラスの式の解

平均値になる．

数値計算では繰り返し計算によって解が求められ，n 回目の計算値を $\psi_{i,j}{}^{(n)}$ で表せば，式 (10.5) は次式となる．

$$\psi_{i,j}{}^{(n)} = \frac{1}{4}(\psi_{i+1,j}{}^{(n-1)} + \psi_{i-1,j}{}^{(n)} + \psi_{i,j+1}{}^{(n-1)} + \psi_{i,j-1}{}^{(n)}) \tag{10.6}$$

これを i ，j の小さい順に計算し，解 $\psi_{i,j}$ が収束するまで繰り返せばよい．

境界条件はそれぞれの境界上で基本境界条件(ψ)か自然境界条件($\partial\psi/\partial n$)のいずれかを適用すればよいが，通常は次のようにすればよい．

(i) 壁面や流線に一致する境界： 境界上でψが一定値となるので，そのψの値を指定すればよい（基本境界条件）．

(ii) 解析領域への入口や出口： 多くの場合，法線方向速度v_nが与えられる．図10.3のように接線方向座標をsとすれば，$v_n = \partial\psi/\partial s$であり

$$\psi = \int v_n \, ds \tag{10.7}$$

からψを求めて，境界条件として与えればよい（基本境界条件）．

以上の方法では流れ関数ψが求められるが，ψが一定となる線が流線である（6.2.3参照）ことから，流線を容易に描けるという利点がある．

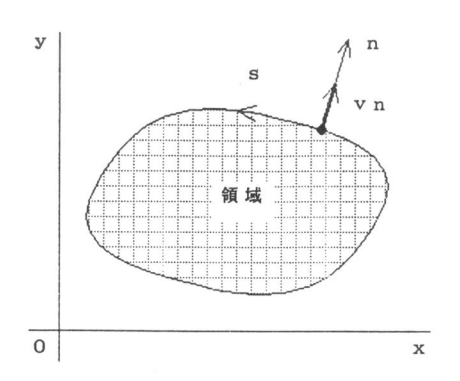

図10.3 解析領域

例題 10.1 式(10.5)の差分近似の誤差は，hに関して4次であることを示せ．

解． hを微小とするとき，テイラー展開によれば

$$\psi(x+h,y) = \psi(x,y) + \frac{\partial\psi}{\partial x}h + \frac{1}{2}\frac{\partial^2\psi}{\partial x^2}h^2 + \frac{1}{6}\frac{\partial^3\psi}{\partial x^3}h^3 + O_1(h^4)$$

$$\psi(x-h,y) = \psi(x,y) - \frac{\partial\psi}{\partial x}h + \frac{1}{2}\frac{\partial^2\psi}{\partial x^2}h^2 - \frac{1}{6}\frac{\partial^3\psi}{\partial x^3}h^3 + O_2(h^4)$$

ここで，$O_i(h^4)$ は h の 4 次以上の微小項である．二つの式を合計して整理すると

$$h^2 \frac{\partial^2 \psi}{\partial x^2} = \psi(x+h,y) - 2\psi(x,y) + \psi(x-h,y) - O_3(h^4)$$

同様に y 方向についても式をたてる．これらの結果を式（10.2）に代入し，

$$\psi(x,y) = \frac{1}{4}\{\psi(x+h,y) + \psi(x-h,y) + \psi(x,y+h) + \psi(x,y-h)\} - O_4(h^4)$$

となり，式（10.5）の誤差は h に関して 4 次の微小量になる．

10.2.2 プログラム例 (N88-BASIC による)

前項の方法にもとづくプログラム例を表 10.1 に示す．これは，図 10.4 に示すような左側に入口，右側に出口がある流れ場を解析するものである．NX，NY はそれぞれ x 軸，y 軸方向の分割数で，$i=0\sim$NX，$j=0\sim$NY の値をとる．$i=0$（入口）と $i=$NX（出口）では一様流とした．境界条件はすべて基本境界条件とし，上側の境界面で $\psi=1$，下側で $\psi=0$ を与えた．入口，出口では，それぞれ ψ を 0 から 1 まで直線的に変化させた．上下の境界面の形状は任

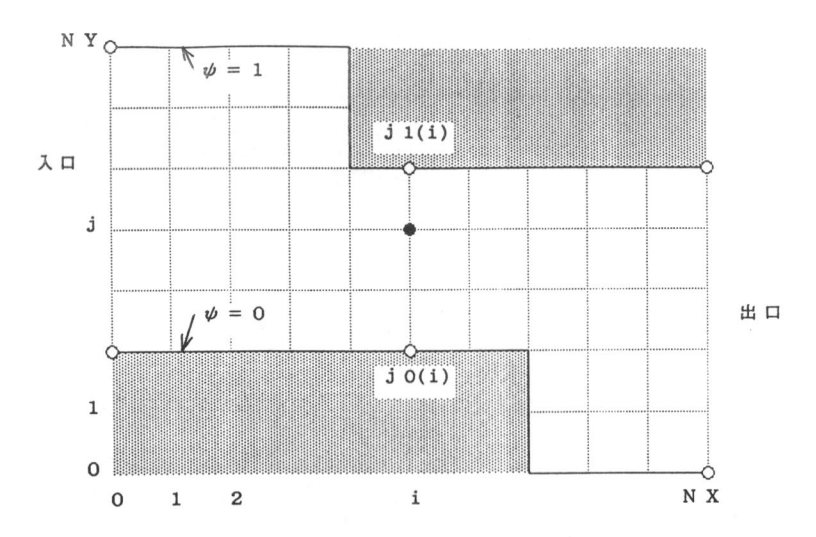

図10.4 解析領域

10.2 差分法

表10.1 差分法のプログラム例

```
10 '>>>>>>>>>>>    Finite Difference Method    <<<<<<<<<<<<<<<<
20 SCREEN 3,,0,1 : CONSOLE 0,20,0,1 : WIDTH 80,25 : CLS 3
30 NMAX=100 : EP=.0001   : FL=15 : X0=30 : Y0=390
40 READ NX,NY
50 DIM P(NX,NY),JJ(NX,1)
60 FOR K=0 TO 1 : FOR I=0 TO NX : READ JJ(I,K) : NEXT I,K
70 GOSUB 340
80 FOR I=0 TO NX : DP=1/(JJ(I,1)-JJ(I,0))
90   FOR J=0 TO JJ(I,0) : P(I,J)=0 : NEXT J
100   FOR J=JJ(I,1) TO NY : P(I,J)=1 : NEXT J
110   FOR J=JJ(I,0) TO JJ(I,1) : P(I,J)=DP*(J-JJ(I,0))
120 NEXT J,I : N=0
130 E=0 : N=N+1
140 FOR I=1 TO NX-1 : FOR J=JJ(I,0)+1 TO JJ(I,1)-1
150   PP=(P(I+1,J)+P(I-1,J)+P(I,J+1)+P(I,J-1))/4
160   EX=(PP-P(I,J))^2 : IF EX>E THEN E=EX
170   P(I,J)=PP : NEXT J,I
180 ES=SQR(E)
190 PRINT "N=" N ,"EPS=" ES
200 IF N>NMAX THEN 220
210 IF ES>EP THEN 130
220 CLS : BEEP
230 FOR K=1 TO FL-1 : PF=K/FL
240   I=0 : X=X0 : GOSUB 290 : PSET(X,Y),5
250   FOR I=1 TO NX : GOSUB 290 : X=X+SX
260   LINE -(X,Y),5 : NEXT I,K
270 END
280 '------------------------------------
290 J=JJ(I,0)
300 J=J+1 : IF PF>P(I,J) THEN 300
310 Y=Y0-((PF-P(I,J-1))/(P(I,J)-P(I,J-1))+J-1)*SX
320 RETURN
330 '------------------------------------
340 DEF FNY(I,K)=Y0-SX*JJ(I,K)
350 SX=600/NX : SY=380/NY : IF SX>SY THEN SX=SY
360 FOR K=0 TO 1 : X=X0 : PSET(X,FNY(0,K))
370   FOR I=1 TO NX : X=X+SX
380   JX=(JJ(I,K)-JJ(I-1,K))*(K-.5)
390   IF JX>0 THEN LINE -(X-SX,FNY(I,K)),7
400   IF JX<0 THEN LINE -(X,FNY(I-1,K)),7
410   LINE -(X,FNY(I,K)),7 : NEXT I,K
420 RETURN
```

NMAX	: 繰返し上限
EP	: 許容誤差
FL	: 流線の本数
NX,NY	: 分割数
P(i,j)	: 流れ関数
JJ(i,0)	: j 0 (i)
JJ(i,1)	: j 1 (i)
ES	: 誤差
SX	: スケール

表10.2 差分法のデータ例

```
1000 DATA 30,20
1010 DATA  5,   5, 5, 5, 5, 5,   5, 5, 5, 5, 5,   5, 5, 5, 5, 5
1020 DATA      5, 5, 5, 5, 5,   0, 0, 0, 0, 0,   0, 0, 0, 0, 0
1030 DATA 20,  20,20,20,20,20, 20,20,20,20,15,  15,15,15,15,15
1040 DATA     15,15,15,15,15, 15,15,15,15,15,  15,15,15,15,15
```

150   10. 数値流体力学の基礎

意に指定でき，$x=x_i$ における流路下端の j の番号を J0 (i)，上端を J1 (i) としてデータで与えるようになっている．

表 10.1 のプログラムのデータは，①分割数 NX，NY，②流路下端の番号 J0 (i) ($i=0 \sim$ NX に対して)，③流路上端の番号 J1 (i) ($i=0 \sim$ NX に対して) の順に与える必要がある．たとえば，表 10.2 のデータをプログラムにつけて実行すると図 10.5 の流線を得る．

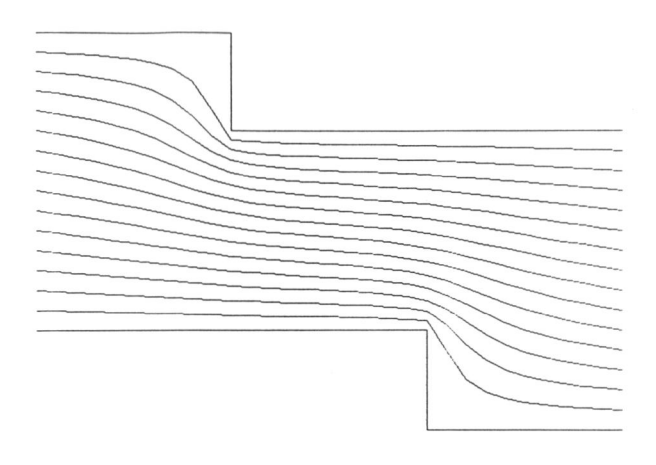

図 10.5 解析結果 (表 10.2 のデータ)

> 例題 10.2 図 10.6 に示す二次元的な絞り流路のポテンシャル流れを解き，中心線上の速度の変化を求めよ．

解. 上下対称なので，上半分を解くことにする．表 10.1 のプログラム用にデータを作成し，流線を描くと，図 10.7(a) のようになる．中心線上の速度を u とすれば

$$u = \frac{\partial \psi}{\partial y} = \frac{p(i,1) - p(i,0)}{h}$$

で計算でき (ただし，h はメッシュの間隔)，結果例を図 10.7(b) に示す．

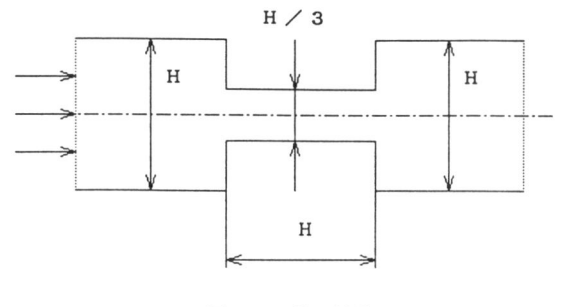

図 10.6　絞り流路

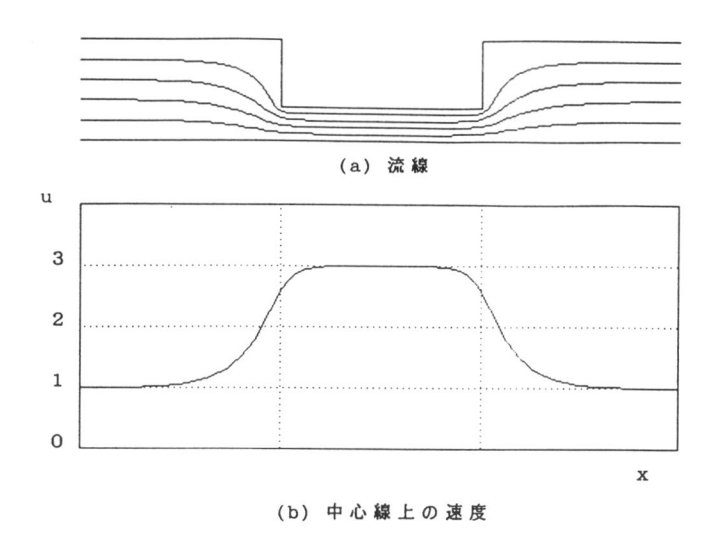

(a) 流線

(b) 中心線上の速度

図 10.7　解

10.3　有限要素法

　未知量として速度ポテンシャル ϕ を選び，**有限要素法** (Finite Element Method，略して FEM) によって，二次元ポテンシャル流れを解析する方法を述べる．

10.3.1 解析方法

基礎式は式 (10.1) であり，再録すると

$$\frac{\partial^2 \phi}{\partial x^2} + \frac{\partial^2 \phi}{\partial y^2} = 0 \tag{10.8}$$

重み付き残差法によれば，まずある関数 w を重み関数として両辺に乗じ，図 10.8 に示す解析領域 A で面積分する．

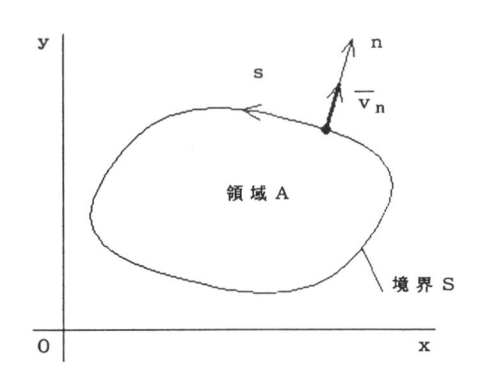

図 10.8 解析領域

$$\iint_A \left(\frac{\partial^2 \phi}{\partial x^2} + \frac{\partial^2 \phi}{\partial y^2} \right) w\, dx\, dy = 0 \tag{10.9}$$

重み付き残差法とは，このような積分値で等式が成り立つように近似解を求める方法である．式 (10.9) を部分積分し，整理すると次式を得る．

$$\iint_A \left(\frac{\partial \phi}{\partial x} \frac{\partial w}{\partial x} + \frac{\partial \phi}{\partial y} \frac{\partial w}{\partial y} \right) dx\, dy = \int_s \frac{\partial \phi}{\partial n} w\, ds \tag{10.10}$$

ここで，右辺は境界 S 上での線積分を表し，n は法線方向，s は接線方向座標を表す．有限要素法で用いられるガラーキン法では，重み関数 w に求める関数 ϕ の変分（関数 ϕ の任意の変化分）$\delta \phi$ を用いる．

境界条件は，全境界 S のうち基本境界条件を与える境界を S_1，自然境界条件を与える境界を S_2 とすれば，次のようになる．

境界 S_1 上で，　　$\phi = \overline{\phi}$

境界 S_2 上で，　　$\partial \phi / \partial n = \overline{v_n}$

ここで，$\overline{\phi}$ は速度ポテンシャル，$\overline{v_n}$ は法線方向速度であり，それぞれ境界条件

として与えられる既知の値である。変分 $\delta\phi$ は基本境界条件を満たすように定めるものとすれば，S_1 上では ϕ の変化量はなく，$\delta\phi=0$ となる。したがって，式 (10.10) の右辺は S_1 上の積分が 0 となり，S_2 上の積分だけを実行すればよいことになる。式 (10.10) の w に $\delta\phi$ を代入し，さらに境界条件を適用すると次式が得られる。

$$\iint_A \left(\frac{\partial \phi}{\partial x} \frac{\partial \delta\phi}{\partial x} + \frac{\partial \phi}{\partial y} \frac{\partial \delta\phi}{\partial y} \right) dx\, dy = \int_{S_2} \overline{v_n}\, \delta\phi\, ds \tag{10.11}$$

式 (10.11) を解くにあたって，ϕ の関数型を決めておく必要がある。その近似関数を補間関数というが，ここではもっとも簡単な一次三角形要素を用いることにする。まず，図 10.9 のように解析領域を三角形で分割する。このとき，三角形を要素，各頂点を節点という。一次三角形要素 (図 10.10) では，$\phi(x,y)$ を次の一次関数で補間する。

$$\phi(x,y) = a_1 + a_2 x + a_3 y \tag{10.12}$$

ここで，a_1，a_2，a_3 は定数であり，三つの節点における関数値 ϕ_1，ϕ_2，ϕ_3 から決定される。

関数 ϕ の偏微分は，式 (10.12) から

$$\frac{\partial \phi}{\partial x} = a_2 = \frac{1}{2A_e} \boldsymbol{b}^T \boldsymbol{\phi}^n, \quad \frac{\partial \phi}{\partial y} = a_3 = \frac{1}{2A_e} \boldsymbol{a}^T \boldsymbol{\phi}^n \tag{10.13}$$

ここに

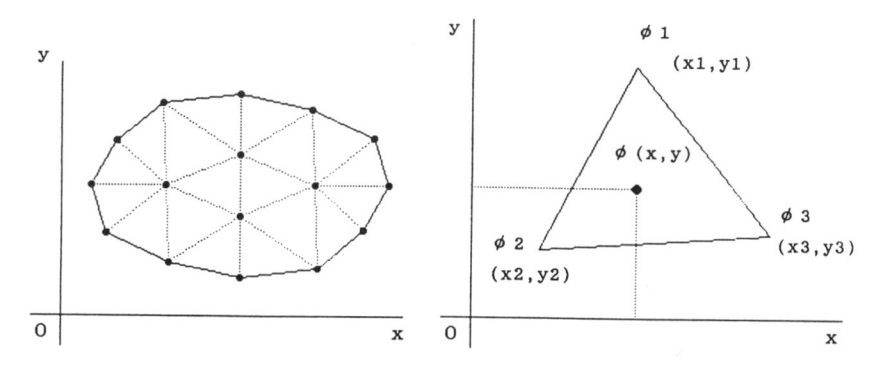

図 10.9　要素分割

図 10.10　一次三角形要素

$$\boldsymbol{a} = \begin{pmatrix} a_1 \\ a_2 \\ a_3 \end{pmatrix} = \begin{pmatrix} x_3 - x_2 \\ x_1 - x_3 \\ x_2 - x_1 \end{pmatrix}, \quad \boldsymbol{b} = \begin{pmatrix} b_1 \\ b_2 \\ b_3 \end{pmatrix} = \begin{pmatrix} y_2 - y_3 \\ y_3 - y_1 \\ y_1 - y_2 \end{pmatrix}, \quad \boldsymbol{\phi}^n = \begin{pmatrix} \phi_1 \\ \phi_2 \\ \phi_3 \end{pmatrix} \Biggr\} \quad (10.14)$$

$$2A_e = b_1 a_2 - b_2 a_1 = (三角形の面積の2倍)$$

上付き添字 T は行列の転置を表す.また,式(10.13)はそれぞれ x 方向,y 方向速度 u,v を表している.

式(10.11)の左辺の積分は領域全体の面積分であるが,図10.10 に示す一つの要素内だけの積分を実行すると,その面積を A_e として

$$\iint_{A_e} \left(\frac{\partial \phi}{\partial x} \frac{\partial \delta \phi}{\partial x} + \frac{\partial \phi}{\partial y} \frac{\partial \delta \phi}{\partial y} \right) dx\, dy = \delta \boldsymbol{\phi}^{nT} \boldsymbol{K}_e \boldsymbol{\phi}^n \quad (10.15)$$

ここに,$\boldsymbol{K}_e$ は要素マトリックスとよばれ

$$\boldsymbol{K}_e = \frac{1}{4A_e}(\boldsymbol{a}\boldsymbol{a}^T + \boldsymbol{b}\boldsymbol{b}^T)$$

$$= \frac{1}{4A_e} \begin{bmatrix} a_1^2 + b_1^2 & a_1 a_2 + b_1 b_2 & a_1 a_3 + b_1 b_3 \\ a_1 a_2 + b_1 b_2 & a_2^2 + b_2^2 & a_2 a_3 + b_2 b_3 \\ a_1 a_3 + b_1 b_3 & a_2 a_3 + b_2 b_3 & a_3^2 + b_3^2 \end{bmatrix} \quad (10.16)$$

次に,式(10.15)の積分をすべての要素について実行し,解析領域全体にわたって重ね合わせる必要がある.そこで,全節点に通し番号をつけ,次のように全体系の節点ベクトルを定義する.

$$\boldsymbol{\Phi}^N = \begin{pmatrix} \phi_1 \\ \phi_2 \\ \vdots \\ \phi_N \end{pmatrix}, \quad \delta \boldsymbol{\Phi}^N = \begin{pmatrix} \delta \phi_1 \\ \delta \phi_2 \\ \vdots \\ \delta \phi_N \end{pmatrix} \quad (10.17)$$

ここで,N は全節点数である.式(10.16)を全体系の節点に対応させて,全要素について重ね合わせると,式(10.11)の左辺は次式となる.

$$\iint_A \left(\frac{\partial \phi}{\partial x} \frac{\partial \delta \phi}{\partial x} + \frac{\partial \phi}{\partial y} \frac{\partial \delta \phi}{\partial y} \right) dx\, dy = \delta \boldsymbol{\Phi}^{NT} \boldsymbol{K} \boldsymbol{\Phi}^N \quad (10.18)$$

ここで,$\boldsymbol{K}$ は全体マトリックスとよばれ,N行N列であり,式(10.16)の各成分を全体系の対応する節点番号の位置に重ね合わせることによって得られる.具体的には後述の表10.3のプログラム例を参考にしてほしい.

一方，式 (10.11) の右辺は次のように求められる．図10.11に示す要素の節

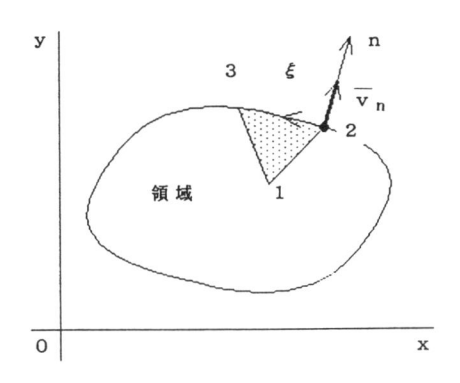

図10.11 境界条件

点 2 と 3 が境界上にあり，自然境界条件として法線方向速度 $\overline{v_n}$ が与えられているものとする．式 (10.11) の右辺のうち，線分 $\overline{23}$ 上の積分だけを求めると次のようになる．ただし，$\xi = s/l$，l は線分 $\overline{23}$ の長さとする．

$$\int_{\overline{23}} \overline{v_n} \delta\phi \, ds = \overline{v_n} \int_0^1 \{(1-\xi)\delta\phi_2 + \xi\delta\phi_3\} l \, d\xi = \delta\boldsymbol{\phi}^{nT} \boldsymbol{Q}_e \qquad (10.19)$$

ここで

$$\boldsymbol{Q}_e = \begin{pmatrix} 0 \\ \overline{v_n} l/2 \\ \overline{v_n} l/2 \end{pmatrix} \qquad (10.20)$$

これは境界上の流量 $\overline{v_n} l$ を各節点に振り分けたものと考えられる．

式 (10.11) の右辺を求めるためには，式 (10.19) を境界 S_2 について重ね合わせればよく，全体系で整理すると次のようになる．

$$\int_{S_2} \overline{v_n} \delta\phi \, ds = \delta\boldsymbol{\Phi}^{NT} \boldsymbol{Q} \qquad (10.21)$$

ここで，$\boldsymbol{Q}$ はN次の列ベクトルであり，自然境界条件が与えられている境界 S_2 について式 (10.20) を重ね合わせたものである．このとき，$v_n = 0$ となる境界上では $\boldsymbol{Q}$ の成分は 0 となる．

以上，式 (10.11) に式 (10.18) と式 (10.21) を代入すると

$$\delta\boldsymbol{\Phi}^{NT}\boldsymbol{K}\boldsymbol{\Phi}^{N} = \delta\boldsymbol{\Phi}^{NT}\boldsymbol{Q} \tag{10.22}$$

ここで，$\delta\boldsymbol{\Phi}^{NT}$ は任意の変分であることから，次式が得られる．

$$\boldsymbol{K}\boldsymbol{\Phi}^{N} = \boldsymbol{Q} \tag{10.23}$$

式 (10.23) は，$\phi_1, \phi_2, \cdots, \phi_n$ を未知数とする連立一次方程式となり，これを解けば速度ポテンシャル ϕ の分布が求められる．ただし，速度ポテンシャル ϕ は定数分の任意性*をもっているので，少なくとも一つの節点で速度ポテンシャルを与え（基本境界条件）なければならない．いま，節点 i で基本境界条件 $\phi_i = \overline{\phi_i}$ が与えられているとすれば，式 (10.23) に $\phi_i = \overline{\phi_i}$ を代入し，ϕ_i を未知数から取り除けばよい．

各節点の速度ポテンシャルが得られたら，式 (10.13) から速度を計算することができる．ただし，一次三角形要素の場合，速度は要素内で一定となる．

10.3.2 プログラム例 (N88-BASIC による)

前項の方法にもとづくプログラム例を表 10.3 に示す．解析にあたって，流れ場を図 10.12 に示すように三角形で分割し，節点と要素にそれぞれ通し番号をつける(順番は任意)．このとき，流れの変化が大きい所では分割を細かくすることがのぞましい．データの入れ方は次のとおりである．

① 節点数 NP と要素数 NE を入力．
② 各節点の座標 x_i, y_i を入力（NP 組）．
③ 各要素を構成する 3 節点の節点番号を反時計まわりの順に入力（NE 組）．
④ 基本境界条件を与える節点の数 N1 と自然境界条件を与える線分の数 N2 を入力．ただし，N1 は 0 であってはいけない．法線方向速度が VN = 0 となる境界（壁面など）は N2 に含めなくてもよい．
⑤ 基本境界条件を与える節点の番号 IB(i) とその点の速度ポテンシャルの値 PB(i) を N1 の数だけ入力．

---

* $\phi(x,y)$ が，ある流れを表す速度ポテンシャルであるとき，$\phi + a$（a は任意の定数）も同一の流れを表すことになる．このように，速度ポテンシャルは定数分の任意性をもつ．流れ関数および複素ポテンシャルも同様の性質をもつ．

⑥ 自然境界条件を与える線分の両端の節点番号 I1, I2 およびその線分に対する法線方向速度 VN（流出を正とする）を入力.

表 10.3 有限要素法のプログラム例

```
10  '>>>>>>>>>>>>  Finite Element Method  <<<<<<<<<<<<<<<<<<<<<<<<<
20  SCREEN 3,,0,1 : CONSOLE 0,20,0,1 : WIDTH 80,25 : CLS 3
30  X0=20 : Y0=380 : S=10 : SU=20
40  DEF FNX(I)=X0+X(IP(J,I))*S : DEF FNY(I)=Y0-Y(IP(J,I))*S
50  READ NP,NE
60  DIM X(NP),Y(NP),P(NP),K(NP,NP),IP(NE,2),A(NE,2),B(NE,2),S(NE)
70  FOR I=1 TO NP : READ X(I),Y(I) : NEXT I
80  FOR J=1 TO NE : READ IP(J,0),IP(J,1),IP(J,2)
90    FOR I=0 TO 2 : I1=(I+1) MOD 3 : I2=(I+2) MOD 3
100   A(J,I)=X(IP(J,I2))-X(IP(J,I1))
110   B(J,I)=Y(IP(J,I1))-Y(IP(J,I2)) : NEXT I
120   S(J)=B(J,0)*A(J,1)-B(J,1)*A(J,0)
130   FOR II=0 TO 2 : FOR JJ=0 TO 2 : IA=IP(J,II) : JA=IP(J,JJ)
140   K(IA,JA)=K(IA,JA)+(A(J,II)*A(J,JJ)+B(J,II)*B(J,JJ))/S(J)/2
150 NEXT JJ,II,J
160 '-----------------------------------------------------------------
170 FOR J=1 TO NE : PSET(FNX(2),FNY(2))
180   FOR I=0 TO 2 : LINE -(FNX(I),FNY(I)),7,,&HAAAA : NEXT I,J
190 '-----------------------------------------------------------------
200 READ N1,N2 : DIM IB(N1),PB(N1)
210 FOR I=1 TO N1 : READ IB(I),PB(I)
220   FOR J=1 TO NP : P(J)=P(J)-K(J,IB(I))*PB(I) : NEXT J
230   FOR J=1 TO NP : K(J,IB(I))=0 : K(IB(I),J)=0 : NEXT J
240   K(IB(I),IB(I))=1 : P(IB(I))=PB(I) : NEXT I
250 IF N2=0 THEN 300
260 FOR I=1 TO N2 : READ I1,I2,VN
270 QQ=VN*SQR((X(I1)-X(I2))^2+(Y(I1)-Y(I2))^2)/2
280 P(I1)=P(I1)+QQ : P(I2)=P(I2)+QQ : NEXT I
290 '-----------------------------------------------------------------
300 FOR I=1 TO NP : KM=K(I,I) : P(I)=P(I)/KM
310   FOR J=1 TO NP : K(I,J)=K(I,J)/KM : NEXT J
320   FOR J=1 TO NP : IF J=I THEN 350
330   KK=K(J,I) : IF KK=0 THEN 350 ELSE P(J)=P(J)-KK*P(I)
340   FOR JJ=1 TO NP : K(J,JJ)=K(J,JJ)-KK*K(I,JJ) : NEXT JJ
350 NEXT J,I
360 '-----------------------------------------------------------------
370 FOR J=1 TO NE
380   U=0 : V=0 : X1=0 : Y1=0 : FOR I=0 TO 2
390   U=U+B(J,I)*P(IP(J,I))/S(J) : V=V+A(J,I)*P(IP(J,I))/S(J)
400   X1=X1+X(IP(J,I)) : Y1=Y1+Y(IP(J,I)) : NEXT I
410   X1=X0+X1*S/3 : Y1=Y0-Y1*S/3
420   X2=X1+U*SU : Y2=Y1-V*SU
430   CIRCLE(X1,Y1),2,7 : LINE -(X2,Y2),5 : NEXT J
440 END
```

158   10. 数値流体力学の基礎

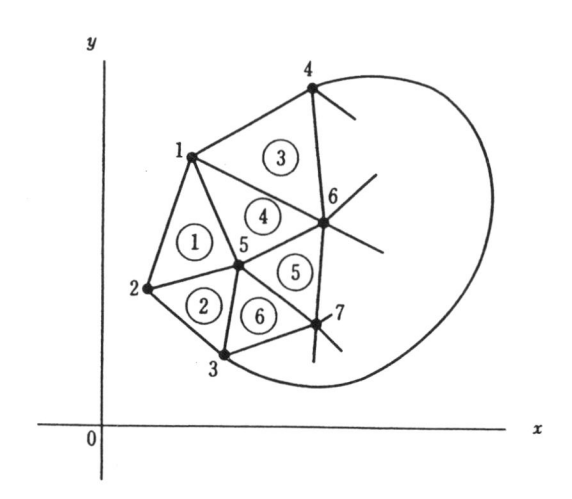

図 10.12　要素分割

(1, 2, 3, … は節点番号，①, ②, ③, … は要素番号を表す)

ステップ流路に対するデータ例を表 10.4 に示す．これを表 10.3 のプログラムにつけて実行すると，図 10.13 (a) の要素分割，(b) の速度ベクトル図が得られる．

有限要素法では要素分割を行い，データを作成するのに労力を要するが，通常は自動分割プログラムを用いる．

表 10.4　有限要素法のデータ例

```
1000 DATA 16,18
1010 DATA 0,0,  0,10,  0,20,  10,0,  10,10,  10,20,  15,5,  15,15
1020 DATA 20,0, 20,10, 20,20, 25,5,  30,0,  30,10,  40,0,  40,10
1030 DATA 1,4,5,  1,5,2,  2,5,3,  3,5,6,  4,9,7,  4,7,5,  5,7,10
1040 DATA 5,10,8,  5,8,6,  6,8,11,  7,9,10,  8,10,11,  9,12,10
1050 DATA 12,9,13,  12,13,14,  12,14,10,  13,16,14,  13,15,16
1060 DATA 1,3
1070 DATA 6,0
1080 DATA 1,2,-1,   2,3,-1,    15,16,2
```

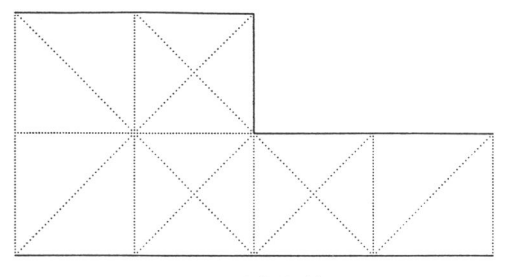

(a) 要素分割

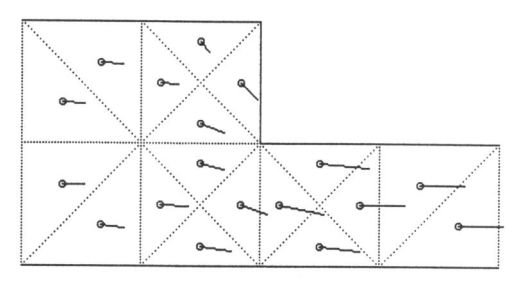

(b) 速度ベクトル図

図 10.13　解析例

例題 10.3　図 10.14 に示す二次元的な曲がり流路内のポテンシャル流れを求めよ．

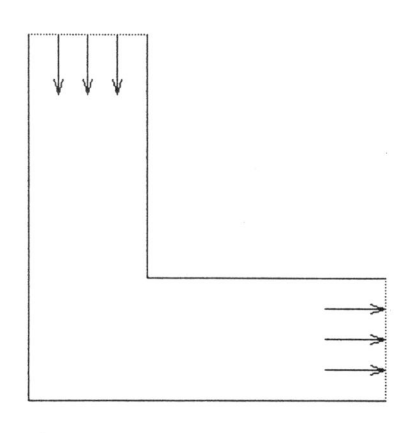

図 10.14　曲がり流路

10. 数値流体力学の基礎

解. たとえば表10.5のデータを作成して，表10.3のプログラムにつけて実行すると，図10.15の速度ベクトル図を得る．

表10.5 曲がり流路のデータ例

```
1000 DATA 17,20
1010 DATA 0,30, 10,30, 0,20, 10,20, 5,15, 0,10, 5,10, 10,10
1020 DATA 0,0, 5,5, 10,0, 10,5, 15,5, 20,0, 20,10, 30,0, 30,10
1030 DATA 1,3,2, 3,4,2, 3,5,4, 3,6,5, 5,8,4, 5,6,7, 5,7,8
1040 DATA 7,6,10, 7,10,8, 6,9,10, 9,11,10, 10,11,12, 10,12,8
1050 DATA 12,11,13, 12,13,8, 11,14,13, 8,13,15, 13,14,15
1060 DATA 14,16,15, 15,16,17
1070 DATA 1,2
1080 DATA 9,0
1090 DATA 1,2,-1,  16,17,1
```

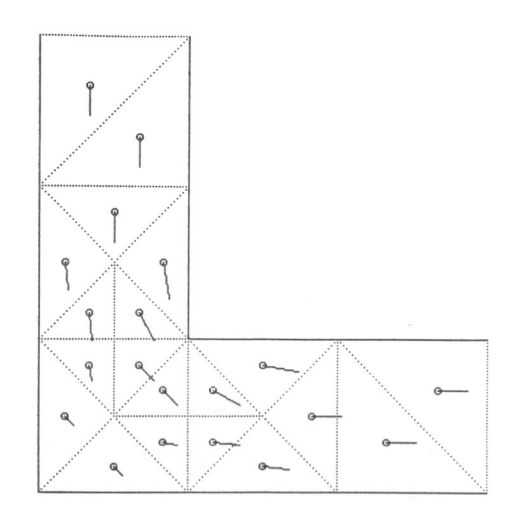

図10.15 解

演習問題 10

(1) 正方形柱まわりのポテンシャル流れを差分法で求めよ．
(2) 正方形柱まわりのポテンシャル流れを有限要素法で求めよ．
(3) 円柱まわりのポテンシャル流れを差分法で求めよ．
(4) 円柱まわりのポテンシャル流れを有限要素法で求めよ．

演習問題解答

演習問題 1
（1） 900kg/m³　（$1l=10^{-3}$m³ より）．
（2） 粘度 $\mu=0.100$ Pa·s，動粘度 $\nu=1.11\times10^{-4}$ m²/s．
（3） 3.00×10^{-3} Pa．
（4） 2.06 MPa　（ただし，1 MPa=10^6Pa）．
（5） たとえば，$\pi=g^x l^y t$ とおいて，$\pi=t\sqrt{g/l}$ を得る．$F(\pi)=0$ であるから，$\pi=t\sqrt{g/l}=$const. となる．したがって，$t=c\sqrt{l/g}$（c は定数）．

演習問題 2
（1） 式（2.3）より，$xy=$const. となり，流線は付図2.1の双曲線となる．

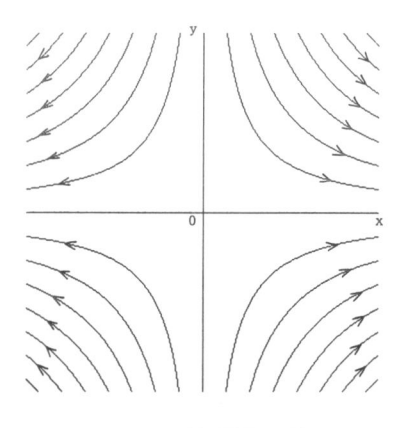

付図2.1　演習問題2（1）

（2） 平板の運動方向をx軸とすれば，x方向，y方向とも伸びひずみ速度は0，せん断ひずみ速度は U/H，うず度は $-U/H$ となる．
（3） x方向速度は，$u=-y\omega$，y方向速度は，$v=x\omega$ である．x方向，y方向の伸

びひずみ速度は 0，せん断ひずみ速度は 0，うず度は 2ω となる．
（4） x 方向速度は，$u=-ky/(x^2+y^2)$，y 方向速度は，$v=kx/(x^2+y^2)$ であり，うず度は 0 となる．
（5） 断面平均流速が 4.6×10^{-2} m/s 以下であれば層流となる．

演習問題 3

（1） タンク内の空気圧は 39.2 kPa．ピストンを支える力は 385 N．
（2） 全圧力は，$(3\rho_1+\rho_2)gah^2/2$．圧力の中心は液面から深さ $(11\rho_1+5\rho_2)h/3(3\rho_1+\rho_2)$．
（3） $y_C=z+d^2/16z$．
（4） 底面に働く全圧力は $(\sqrt{3}h+\sqrt{2}a)\rho ga^2/4$，側面は $(3\sqrt{3}h+2\sqrt{2}a)\rho ga^2/12$．合力は鉛直上向きに $\sqrt{2}\rho ga^3/12$ となり，同体積の液体の重量に一致する．
（5） 169 rpm．

演習問題 4

（1） $Q=A_2\sqrt{2gh/\{1-(A_2/A_1)^2\}}$．
（2） $y=H/2$ のとき，$x_{max}=H$．
（3） 9.21 m/s．
（4） 9.90 m/s．
（5） 3.48×10^{-2} m^3/s．

演習問題 5

（1） $Df/Dt=\partial f/\partial t+V_r(\partial f/\partial r)+(V_\theta/r)(\partial f/\partial\theta)+V_z(\partial f/\partial z)$．
（2） 連続の式（5.11）より，$v=-Ax/(x^2+y^2)$．
（3） 連続の式（5.13）で $V_\theta=V_z=0$ として解き，$V_r=UR/r$．
（4） x 軸方向のナビエ-ストークスの式（5.26）を解き，
$u=4u_{max}y(H-y)/H^2$．
（5） 式（5.30）の θ 方向の式を解き，
$V_\theta=\{R_1^2\omega/(R_2^2-R_1^2)\}(R_2^2/r-r)$．

演習問題 6

（1） 付図 2.1 と同じ流線になる．$u=2x$，$v=-2y$，$\psi=2xy$ となり，双曲線を流線とする．

(2) $W=\Gamma\varepsilon/\pi z$, つまり $m=2\Gamma\varepsilon$ とおけば，$W=m/2\pi z$ となり式(6.29)に一致し，二重吹出しであることがわかる．
(3) $C_p=1-4\sin^2\theta$. (ただし，θ は x 軸から測った角度.)
(4) $-\eta$ の方向から $+\eta$ の方向へ流れる速度 U の一様流の中に半径 R の円柱を置いたときの流れになる．
(5) $+y$ 方向の速度 U の一様流の中に幅 $4R$ の平板を流れに直角に置いたときの流れになる．

演習問題 7

(1) $Re=847$ となり，臨界レイノルズ数（約 2300）より小さく，層流となる．
(2) 層流であるから $\lambda=64/Re$ より，圧力差は 9.52×10^3 Pa．
(3) エネルギーの式から速度を求め，13.2×10^{-3} m³/s．
(4) $\sqrt{3}a/3$．
(5) 解答省略．
(6) 解答省略．

演習問題 8

(1) $a=2$, $b=0$, $c=-2$, $d=1$．
(2) 式 (8.6) から δ を求め，壁面せん断応力を面積分して摩擦抗力を求める．結果は，$C_f=(4\sqrt{37}/3\sqrt{35})\sqrt{(\nu/Ul)}=1.371\sqrt{(\nu/Ul)}$．
(3) 式 (8.18) または図 8.6 より，$C_f=2.53\times 10^{-3}$，よって，$D_f=2.3\times 10^3$ N．
(4) C_D を一定として式 (8.24) を解く．解答省略．
(5) $U_\infty=0.30$ m/s．

演習問題 9

(1) 水の密度を 1000 kg/m³ として，力は 400 N，右向きに働く．
(2) ベルヌーイの式から流出速度は $v=\sqrt{2gh}$，よって力は $2\rho gAh$．
(3) 運動量の法則から運動方向に働く力は 2.37 N，これに速度をかけ，動力は 4.74 W．
(4) ベルヌーイの式，連続の式および運動量の式から求め，593 N．流体に働く力は断面 1，断面 2 に働く圧力による力と縮小管からの力の合力である点に注意する．

164　演習問題解答

演習問題　10
（1）　結果の例を付図 10.1 に示す．
（2）　結果の例を付図 10.2 に示す．
（3）　結果の例を付図 10.3 に示す．
（4）　結果の例を付図 10.4 に示す．

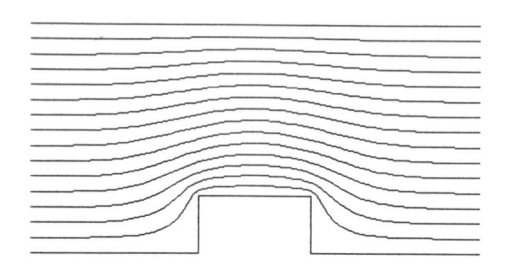

付図 10.1　正方形柱まわりの流れ

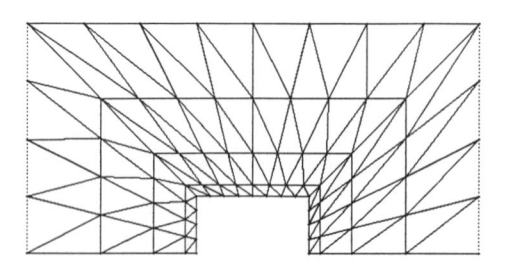

（a）　要素分割

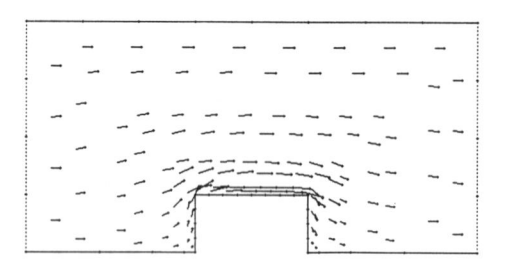

（b）　速度ベクトル図

付図 10.2　正方形柱まわりの流れ

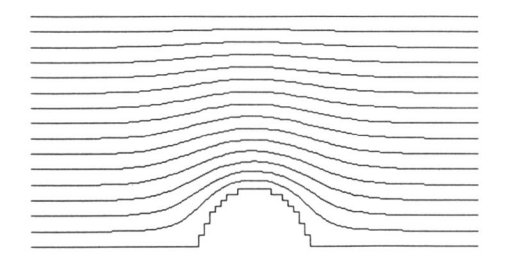

付図 10.3　円柱まわりの流れ

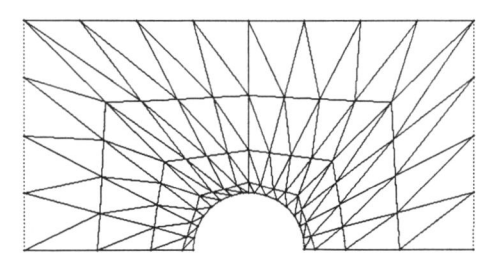

（a）　要素分割

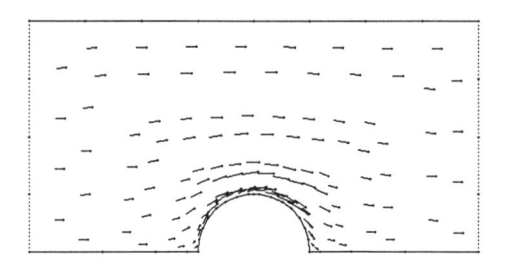

（b）　速度ベクトル図

付図 10.4　円柱まわりの流れ

参考文献

1. 日本機械学会編：機械工学便覧 A5 流体工学 新版，1986，日本機械学会
2. H. Schlichting (J. Kestin 英訳)：Boundary-Layer Theory (6th Edition)，1968，McGraw-Hill
3. 大橋秀雄：流体力学(1)，1982，コロナ社
4. 白倉昌明，大橋秀雄：流体力学(2)，1969，コロナ社
5. 豊倉富太郎，亀本喬司：流体力学，1976，実教出版
6. 加藤宏 編：現代流体力学，1989，オーム社
7. 富田幸雄，山崎慎三：水力学，1978，産業図書
8. 加藤宏 編：ポイントを学ぶ流れの力学，1989，丸善
9. 日本機械学会編：流れ，1984，丸善
10. J.J. Connor, C.A. Brebbia：Finite Element Techniques for Fluid Flow，1976，Butterworth
11. 水野明哲：流れの数値解析入門，1990，朝倉書店

索 引

あ 行

圧縮性　4
圧縮性流体　7
圧縮率　4
圧力　16
圧力係数　121
圧力抗力　119
圧力の中心　39
圧力ヘッド　52
位置ヘッド　52
一様流　24
うず　81
うず度　22
うず流れ　25
うずなし流れ　74
運動量厚さ　112
運動量の式　131
SI　8
オイラーの式　71
オイラーの方法　60
応力　66
応力テンソル　66
音速　7

か 行

外層　116
回転　18
角運動量の式　137
壁法則　96, 116
カルマンうず列　120, 125
完全方程式　11
管摩擦係数　90
キャビテーション　28
境界層　104, 110
境界層の運動量方程式　114
境界層方程式　113
強制うず　22, 25, 46
共役複素速度　79
局所加速度　61
クエット流れ　3
クッタ-ジューコフスキーの定理　84
クッタの条件　87
ゲージ圧力　35
検査面　131
構成方程式　68
抗力　118
抗力係数　119
混合長理論　94
混相流　28

さ 行

差分法　145
次元　11
指数法則　93, 115
実質加速度　61
実質微分　62
質量保存則　50
質量力　65
自由うず　25
ジューコフスキー翼形　86
助走距離　105
助走区間　105
吸込み　82
垂直応力　67
ストローハル数　125
静圧　54
絶対圧力　35
全圧　54
全圧力　36
遷移領域　113

索　引

旋回流　25
せん断応力　17, 67
せん断変形　18
層流　27
層流境界層　113
速度　16
速度欠損法則　96
速度ヘッド　52
速度ポテンシャル　75
損失ヘッド　56

た　行

対数法則　96
体積弾性係数　4
対流加速度　61
ダルシー-ワイズバッハの式　91
単相流　28
定常流　23
動圧　54
等価直径　99
動粘度　4
トータルヘッド　52

な　行

内層　96, 116
ナビエ-ストークスの式　69
二次流れ　106
ニュートンの粘性法則　4
ニュートン流体　6
粘性係数　3
粘性底層　96, 116
粘性流体　5
粘度　3
伸び変形　18

は　行

排除厚さ　111
はく離　100, 117
はく離点　117

ハーゲン-ポアズイユ流れ　92
バッキンガムの π 定理　11
発達した速度分布　104
非圧縮性流体　7
非一様流　24
比重量　2
比体積　2
非定常流　23
非ニュートン流体　6
非粘性流体　5
吹出し　82
複素ポテンシャル　78
ブラジウスの式　93
プラントル-カルマンの式　97
浮力　41
壁面せん断応力　93
ベルヌーイの式　52
ポテンシャル流れ　74

ま　行

摩擦抗力　114, 119
摩擦抗力係数　114
摩擦速度　95, 116
マッハ数　7
密度　2
ムーディ線図　99
面積力　66

や　行

有限要素法　151
U字管マノメータ　33
揚力　118
揚力係数　119

ら　行

ラグランジュの方法　60
ランキンの組み合わせうず　25
乱流　27
乱流境界層　113

理想流体　8, 74
流跡　17
流線　17
流体平均深さ　99
流脈　17
流量　16, 50

臨界レイノルズ数　28
レイノルズ応力　94
レイノルズ数　6, 27
レイノルズの相似則　6
連続の式　50, 63

著 者 略 歴

石綿　良三（いしわた　りょうぞう）
　1978年　横浜国立大学工学部機械工学科卒業
　1983年　東京大学大学院工学系研究科博士課程修了
　現　在　神奈川工科大学自動車システム開発工学科教授
　　　　　工学博士
　著　書　「現代流体力学」オーム社

流体力学入門　　　　　　　　　　　　　　　© 石綿良三　2000

2000年4月20日　第1版第1刷発行　　　【本書の無断転載を禁ず】
2017年2月10日　第1版第9刷発行

著　　者　石綿良三
発 行 者　森北博巳
発 行 所　森北出版株式会社
　　　　　東京都千代田区富士見1-4-11（〒102-0071）
　　　　　電話　03-3265-8341／FAX 03-3264-8709
　　　　　日本書籍出版協会・自然科学書協会　会員

JCOPY　＜(社)出版者著作権管理機構　委託出版物＞

落丁・乱丁本はお取替え致します　　印刷／モリモト印刷・製本／協栄製本

Printed in Japan／ISBN978-4-627-67161-4

MEMO

MEMO